实变函数

（第2版）

黄仿伦　编著

图书在版编目(CIP)数据

实变函数/黄仿伦编著．—2版．—合肥：安徽大学出版社，2012.9(2018.1重印)
ISBN 978-7-5664-0580-7

Ⅰ．①实… Ⅱ．①黄… Ⅲ．①实变函数 Ⅳ．①O174.1

中国版本图书馆CIP数据核字(2012)第208954号

实变函数(第2版) **黄仿伦 编著**

出版发行：北京师范大学出版集团
安 徽 大 学 出 版 社
(安徽省合肥市肥西路3号 邮编230039)
www.bnupg.com.cn
www.ahupress.com.cn
印　　刷：安徽省人民印刷有限公司
经　　销：全国新华书店
开　　本：170mm×240mm
印　　张：13.5
字　　数：258千字
版　　次：2012年9月第2版
印　　次：2018年1月第2次印刷
定　　价：25.00元
ISBN 978-7-5664-0580-7

责任编辑：武溪溪　张明举　　**装帧设计**：戴　丽
责任印制：赵明炎

第二版序

第二版按照安徽大学对数学科学学院各专业应具备的数学基础的要求，结合第一版以来的教学实践和教学研究，在保留第一版特色的原则下修订而成。除对第一版全书作全面的修订外，还对某些内容进行改写，使之更加严谨。全书教学需 72 学时，内含习题课 18 学时。

广大读者与教师为本书的修订提供了很多宝贵的建议和意见。本次修订工作得到安徽大学教务处以及数学科学学院领导的支持，特别得到安徽大学“211 工程”三期建设“创新人才培养”项目资金的资助，对此表示由衷的感谢。

在本次修订中，采纳了安徽大学数学科学学院胡舒合教授仔细审阅了全书后所提出的不少好的意见和建议。我还要特别感谢我的研究生汪巧云同学，她的精美打字和排版为本书增色不少。

修订后的版本虽经反复推敲，但由于作者水平有限，书中的不当之处仍难免存在，恳请广大同行和读者给予指正（敬请致函 *flhuang@ahu.edu.cn*），以便进一步提高本书质量。

黄仿伦
安徽大学数学科学学院
2012 年 8 月

第一版序

本书是笔者长期在安徽大学数学系讲授《实变函数》课程的讲义的基础上形成的，与国内外同类教材相比，本书有如下特点：

1. 我们将前六章的内容都集中在一维数直线上的 *Lebesgue* 测度和积分理论，最后一章讲授一般集合上的测度与积分，等学生有了完整的数直线上的 *Lebesgue* 测度与积分理论以后，再去理解抽象的测度与积分，这正是国外同类教材的特点。

2. 书中我们写进一些实用性内容，如：*Levi* 定理中的非负性去掉，加上测度为有限的集合上的有界可测函数列条件，*Levi* 定理结论同样成立。又如“*Riemann* 可积一定 *Lebesgue* 可积，且积分值相等”，只需加上被积函数的保号性。同时增加了解释数学分析中 *Riemann* 可积的充要条件是 $f(x)$ 在 $[a,b]$ 上几乎处处连续的完整理论，等等。

3. 简化了一些定理的证明，书中有些定理的证明是笔者在长期的教学过程中积累出来的。

4. 在习题的配备上，我们搜集了许多难度适宜的题目。

本书是安徽大学主干课程《实变函数》建设小组的成果，在此我非常感谢刘永生教授为此书编写了第七章，感谢胡舒合教授审阅了全书，在出版本书的过程中，得到了安徽大学出版社资金的资助及数学系的大力支持，笔者谨在此对他们表示诚挚的感谢。

在编写本书的过程中，我们参考了国内外许多同类教材，在此恕不一一列名致谢。

由于笔者水平有限，加上编写时间仓促，书中一定存在不妥之处，敬请读者批评指正。

黄仿伦

2001 年 4 月

目　录

第一章　集　合

1.1　集合及其运算

集合论自 19 世纪 80 年代由德国数学家 Cantor 创立以来，已成为现代数学的基础，实变函数论所需要的集合论知识只是非常基础而又十分有限的.

集合是一个不可以精确定义的数学基本概念之一，所以我们只给予一种描述. 我们把具有某种特定性质的对象的全体称为集合或简称为集，其中每个对象称为该集的元素或元. 例如自然数的全体是一集，每个自然数都是它的元素；又如直线上点的全体是一集，直线上每一点都是它的元素；实系数多项式全体为一集，每个实系数多项式都是它的元素.

一般地说，用大写字母 $A, B, C, \cdots, X, Y, Z$ 来表示集合，用小写字母 $a, b, c, \cdots, x, y, z$ 来表示集合的元素. 设 A 是一个集，若 a 是 A 的元素，则记为 $a \in A$（读作 a 属于 A）；a 不是 A 的元素用 $a \notin A$ 表示（读作 a 不属于 A）. 我们约定：

i) 对给定的集，一元要么属于它，要么不属于它，二者必居其一；

ii) $A \notin A$，即集自身不能看成 A 的元；

若集 A 的元只有有限个，称 A 为有限集；不含任何元素的集称为空集，用记号 $\emptyset$ 表示. 一个非空集，如果不是有限集，就称为无限集.

表示集合的方法有两种，第一是列举法，也就是说，在花括号 $\{\ \}$ 内将其元素一一列举出来，第二是用元素所满足的一定条件来描述它，即可表示为

$$A = \{x : x \text{ 具有性质} P\}.$$

例如方程 $x^2 - 1 = 0$ 的解组成的集合可表示为

$$\{1,-1\} \quad 或 \quad \{x: x^2-1=0\}.$$

设给定一集 A 与一性质 P, 用记号

$$\{a: a\in A, P(a)\}$$

表示 A 中一切具有性质 P 的元 a 所成的集，有时简记为 $A\{P(a)\}$.

设 A 和 B 是两个集，若集 A 的每个元素都是集 B 的元素，则称 A 是 B 的子集，记为

$$A\subset B \quad 或 \quad B\supset A$$

分别读作 A 包含于 B 或 B 包含 A.

若 $A\subset B$, 且存在一个元 $x\in B$ 而 $x\notin A$, 则称 A 是 B 的真子集. 为方便起见，我们规定空集 $\emptyset$ 是任何集的子集. 若 A, B 是两个集，若同时有 $A\subset B$ 与 $B\subset A$ 成立，则称集合 A 与 B 相等，记为 $A=B$.

定义 1.1 设 A 与 B 是两个集，定义运算

$$\begin{aligned} A\cup B&=\{x: x\in A \text{ 或 } x\in B\},\\ A\cap B&=\{x: x\in A \text{ 且 } x\in B\},\\ A-B&=\{x: x\in A \text{ 且 } x\notin B\} \end{aligned}$$

分别为 A 与 B 的并集、交集、差集。当 $B\subset A$ 时，差集 $A-B$ 又称为 B 关于 A 的补集，记为 $\mathscr{C}_A B$.

为直观起见， $A\cup B$, $A\cap B$, $A-B$ 可用下列 Venn 图表示 (见图 1).

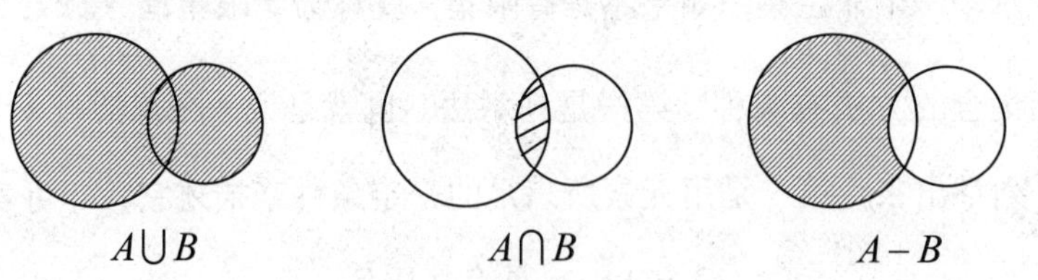

图 1

关于并与交运算有下列重要运算规律.

定理 1.1 设 A,B,C 是集，则有

(i) 交换律 $\quad A\cup B=B\cup A,\qquad A\cap B=B\cap A;$

(ii) 结合律

$$A\cup(B\cup C)=(A\cup B)\cup C,$$
$$A\cap(B\cap C)=(A\cap B)\cap C,$$

(iii) 分配律

$$A\cap(B\cup C)=(A\cap B)\cup(A\cap C),$$
$$A\cup(B\cap C)=(A\cup B)\cap(A\cup C).$$

证：仅证 (iii) 第一条，其余留给读者自己证明.

因为 $A\cap B\subset A\cap(B\cup C)$ 且 $A\cap C\subset A\cap(B\cup C)$，所以 $(A\cap B)\cup(A\cap C)\subset A\cap(B\cup C)$.

另一方面, 对于每一个 $x\in A\cap(B\cup C)$，有 $x\in A$ 且 $x\in B\cup C$. 若 $x\in B$，则 $x\in A\cap B$; 若 $x\notin B$，则 $x\in C$. 所以 $x\in A\cap C$，从而 $x\in(A\cap B)\cup(A\cap C)$. 这就证明了 $A\cap(B\cup C)=(A\cap B)\cup(A\cap C)$.

定理 1.1 可以推广到无限多个集合的情形. 设 $\{A_\alpha:\alpha\in I\}$ 是任意一族集，其中 I 称为指标集，对于每一个指标 $\alpha\in I$，相应有一个集 A_α 与之对应，定义这族集的并集为

$$\bigcup_{\alpha\in I}A_\alpha=\{x:\text{存在}\alpha\in I,\ \text{使}x\in A_\alpha\};$$

定义这族集的交集为

$$\bigcap_{\alpha\in I}A_\alpha=\{x:\forall\,\alpha\in I,\ \text{有}x\in A_\alpha\}.$$

不难验证分配律具有下列更一般的形式

$$A\bigcup(\bigcap_{\alpha\in I}A_\alpha)=\bigcap_{\alpha\in I}(A\bigcup A_\alpha),\ A\bigcap(\bigcup_{\alpha\in I}A_\alpha)=\bigcup_{\alpha\in I}(A\bigcap A_\alpha).$$

当两个集的交集非空时，称这两个集相交；当两个集的交集是空集时，称这两个集不相交；说一个集族是不相交的是指该集族中任何两个集都不相交.

当我们在研究问题时，如果所考虑的一切集都是 X 的子集，这时便称 X 为基本集. 例如限制在数直线上研究各种不同的点集，那么数直线是基本集，对于任一基本集 X，差集 $X-A$ 称为 A 关于 X 的补集或简称为 A 的补集，记为 $\mathscr{C}A$.

对于补集，有下列简单事实：

$$A\cup\mathscr{C}A=X,\qquad A\cap\mathscr{C}A=\emptyset,\qquad \mathscr{C}(\mathscr{C}A)=A,$$
$$\mathscr{C}X=\emptyset,\qquad \mathscr{C}\emptyset=X,\qquad A-B=A\cap\mathscr{C}B,$$
$$A\subset B\Rightarrow\mathscr{C}A\supset\mathscr{C}B,\qquad A\cap B=\emptyset\Rightarrow A\subset\mathscr{C}B.$$

定理 1.2 设 $A_\alpha(\alpha\in I)$ 是基本集 X 中的一族集，则有下列 De Morgan 对偶律：

(i) $\mathscr{C}(\bigcup_\alpha A_\alpha)=\bigcap_\alpha(\mathscr{C}A_\alpha)$;

(ii) $\mathscr{C}(\bigcap_\alpha A_\alpha)=\bigcup_\alpha(\mathscr{C}A_\alpha)$.

证：设 $x\in\mathscr{C}(\bigcup_\alpha A_\alpha)$，故 $x\notin\bigcup_\alpha A_\alpha$，则对于每一个 $\alpha\in I, x\notin A_\alpha$，即：对于每一个 $\alpha\in I, x\in\mathscr{C}A_\alpha$, 因此 $x\in\bigcap_\alpha(\mathscr{C}A_\alpha)$, 所以 $\mathscr{C}(\bigcup_\alpha A_\alpha)\subset\bigcap_\alpha(\mathscr{C}A_\alpha)$. 同理可证 $\mathscr{C}(\bigcup_\alpha A_\alpha)\supset\bigcap_\alpha(\mathscr{C}A_\alpha)$，这样 (i) 得证.

由 (i) 取补集得 $\mathscr{C}(\mathscr{C}(\bigcup_\alpha A_\alpha))=\mathscr{C}(\bigcap_\alpha(\mathscr{C}A_\alpha))$，即 $\bigcup_\alpha A_\alpha=\mathscr{C}(\bigcap_\alpha(\mathscr{C}A_\alpha))$，再把 A_α 换成 $\mathscr{C}A_\alpha$，即得 (ii).

1.2 映射与势

由数学分析中的函数概念，得到下面映射的定义.

定义 2.1 设 A, B 是两个非空集,若依一定的法则 f,使对于每一个 $x \in A$，在 B 中有一个确定的元素 y 与之对应，则称 f 是 A 到 B 的一个映射，记为 $f: A \to B$; 称 y 为 x 在映射 f 下的像，记为 $y = f(x)$，这时称 A 为 f 的定义域，称 A 中所有元素的像的全体

$$f(A) = \{f(x) : x \in A\}$$

为 f 的值域.

设给定映射 $f : A \to B$, 如果 $B = f(A)$, 则称 f 是满射或映上的. 由于 $f(A) \subset B$ 是恒成立的，所以验证一个映射 f 是满射只需证明 $B \subset f(A)$, 即对 $\forall y \in B$, 存在 $x \in A$, 使得 $y = f(x)$.

设 $A_0 \subset A, B_0 \subset B$，引入记号

$$f(A_0) = \{f(x) : x \in A_0\}, f^{-1}(B_0) = \{x : x \in A, f(x) \in B_0\},$$

称 $f(A_0)$ 为 A_0 的像 (集)，而称 $f^{-1}(B_0)$ 为 B_0 在映射 f 下的原像（集）.

对于 A 的任一子集族 $A_\alpha(\alpha \in I)$ 及 B 的任一子集族 $B_\lambda(\lambda \in \Lambda)$, 有下列简单事实:

$$\begin{array}{ll}
f(f^{-1}(B_0)) \subset B_0, & f^{-1}(f(A_0)) \supset A_0 \\
f(\bigcup\limits_\alpha A_\alpha) = \bigcup\limits_\alpha f(A_\alpha), & f(\bigcap\limits_\alpha A_\alpha) \subset \bigcap\limits_\alpha f(A_\alpha) \\
f^{-1}(\bigcup\limits_\lambda B_\lambda) = \bigcup\limits_\lambda f^{-1}(B_\lambda), & f^{-1}(\bigcap\limits_\lambda B_\lambda) = \bigcap\limits_\lambda f^{-1}(B_\lambda) \\
f^{-1}(\mathscr{C} B_0) = \mathscr{C} f^{-1}(B_0). &
\end{array}$$

定义 2.2 设 $f : A \to B$, 若对于任何 $x_1, x_2 \in A$, 只要 $x_1 \neq x_2$, 就有 $f(x_1) \neq f(x_2)$，则称 f 是 A 到 B 的一个单射. 若单射 f 也是满射，则称 f 是

A 到 B 的双射或一一映射.

由于一命题与其逆否命题等价，所以要验证一个映射 f 是单射只要验证由 $f(x_1)=f(x_2)\Rightarrow x_1=x_2$.

定义 2.3 设 f 是 A 到 B 的双射 (这时 $B=f(A)$), 则对于每一个 $y\in B$, 有唯一的 $x\in A$. 使 $y=f(x)$, 我们称 B 上的这个映射 (记为 f^{-1})$f^{-1}:B\to A$ 为 f 的逆映射. 存在逆映射的映射 f 称为可逆映射.

设给定两个映射 $f:A\to B, g:B\to C$ ，由关系 $g(f(x))(x\in A)$ 所确定的映射称为 f 与 g 的复合映射，记为 $g\circ f$, 即 $(g\circ f)(x)=g(f(x))$.

定义 2.4 设 X 是基本集， $A\subset X$, 称函数

$$\chi_A(x)=\begin{cases}1, & x\in A\\ 0, & x\notin A\end{cases}$$

为集 A 的特征函数.

显然，对于不同的子集，其特征函数也不同. 子集 A 与它的特征函数之间的对应是一一对应的.

定义 2.5 设 A, B 为两个集，如果存在一一映射 f, 使 $f(A)=B$, 则称 A 与 B 成一一对应或互相对等，记为 $A\backsim B$.

易见，对等关系具有下列性质：

(i) 自反性　$A\backsim A$;

(ii) 对称性　若$A\backsim B$则$B\backsim A$;

(iii) 传递性　若$A\backsim B$, $B\backsim C$, 则$A\backsim C$.

由对等的定义可知, 当两个有限集互相对等时, 它们的元素的个数必相同,

至于无限集采用“元素的个数”就不适宜了.

为了叙述方便，我们用 $\mathbf{R}$ 表示实数集，$\mathbf{Q}$ 表示有理数集，$\mathbf{Z}$ 表示整数集，而 $\mathbf{N}$ 表示自然数集.

定义 2.6 与自然数集 $\mathbf{N}$ 对等的集称为可列集或可数集.

换句话说，可列集的一切元可用自然数编号，所以要证明一个集是可列集只需证明存在使此集与自然数集 $\mathbf{N}$ 对等的一一映射，或者证明它可以按自然数顺序排列.

例 1: 正偶数全体是可列集，因为存在一一映射 $f(n) = 2n, n \in \mathbf{N}$.

例 2: $\mathbf{N} \backsim \mathbf{Z}$, 一一映射为 $f(n) = (-1)^{n+1}[\frac{n}{2}], n \in \mathbf{N}$.

可列集是无限集中“元素的个数最少”的一类集，这句话的精确含义由下列定理表出.

定理 2.1 任一无限集含有一个可列子集.

证：设 A 为一无限集，取 $x_1 \in A$, 再从 $A - \{x_1\}$ 中取一元，记为 $x_2, \cdots$, 设已选出 $x_1, x_2, \cdots, x_n$ ，因为 A 为无限集，所以 $A - \{x_1, x_2, \cdots, x_n\} \neq \emptyset$, 于是又从 $A - \{x_1, x_2, \cdots, x_n\} \neq \emptyset$ 中可再选一元，记为 x_{n+1}, 这样，我们就得到一集合： $\{x_1, x_2, \cdots, x_n, x_{n+1}, \cdots\}$ 。这是一个可列集，且是 A 的子集.

推论 1 凡无限集必与它的一个真子集对等.

证：设 A 是无限集，由定理 2.1, A 存在可列子集 $\{a_n\}, n \in \mathbf{N}$, 令 $B = A - \{a_1\}$,则 B 是 A 的真子集. 作映射 $f : A \to B$, 当 $a \in A - \{a_1, a_2, \cdots, a_n, \cdots\}, f(a) = a$, 当 $a \in \{a_1, a_2, \cdots, a_n, \cdots\}, f(a_k) = a_{k+1}, k = 1, 2, \cdots$, 易见 f 是 A 到 B 的一一对应，所以 $A \sim B$.

所证事实是无限集的一个特征，因而也可作为无限集的定义.

推论 2 集 A 是无限集当且仅当 A 与它的某个真子集对等.

定理 2.2 若 $A_n(n \in \mathbf{N})$ 为可列集，则并集 $A = \bigcup\limits_{n=1}^{\infty} A_n$ 也是可列集.

证：只需讨论 $A_i \cap A_j = \emptyset\,(i \neq j)$ 的情形，设

$$
\begin{aligned}
&A_1 = \{a_{11}, a_{12}, \cdots, a_{1j}, \cdots\},\\
&A_2 = \{a_{21}, a_{22}, \cdots, a_{2j}, \cdots\},\\
&\cdots\\
&A_i = \{a_{i1}, a_{i2}, \cdots, a_{ij}, \cdots\},\\
&\cdots\cdots
\end{aligned}
$$

则 A 中的元素可排列如下：

$$\{a_{11}, a_{12}, a_{21}, a_{13}, a_{22}, a_{31}, \cdots\}$$

其规则是 a_{11} 排第一，当 $i + j = i' + j' = n > 2, i < i'$ 时， a_{ij} 排在 $a_{i'j'}$ 前.

定理 2.2 可以解释为可列个可列集的并集为可列集.

例 3: 有理数集 $\mathbf{Q}$ 是可列集.

证: 这只需证明正有理数集 $\mathbf{Q}_+ = \{p/q\}$ 为可列集，其中 p, q 都为正整数且互质，而将 $\mathbf{Q}_+$ 中的元素看成序对 (p, q) 并应用上述定理.

例 4: $\mathbf{R}$ 上互不相交的开区间族至多是可列集.

证：这是因为每一个开区间可取一有理数，不同区间中的有理数不同.

下面定理表明不可列集是存在的.

定理 2.3 点集 $[0,1] = \{x : 0 \leq x \leq 1\}$ 是不可列集.

证：用反证法. 假定 $[0, 1]$ 可列，则 $[0, 1]$ 中的点可排为

$$x_1, x_2, \cdots, x_n, \cdots$$

把区间 $[0,1]$ 三等分，则显然 $[0,\frac{1}{3}],[\frac{2}{3},1]$ 中至少有一个不含有 x_1 ，用 I_1 表示任一这样的区间，即 $x_1\notin I_1$; 把 I_1 三等份，在它的左与右两个闭区间中必有一个不含有 x_2, 用 I_2 表示相应的区间，即 $x_2\notin I_2$; 同样把 I_2 三等分，又可得不含有 x_3 的一个闭区间 $I_3,\cdots$ ，根据归纳法，得到闭区间列 $\{I_n\}, n\in\mathbf{N}$ ，满足条件：

(i) $I_1\supset I_2\supset I_3\supset\cdots\supset I_n\supset\cdots$;

(ii) $x_n\notin I_n, n\in\mathbf{N}$;

(iii) 根据数学分析中的闭区间套定理，I_n 的长度为 3^{-n}, 它当 $n\to\infty$ 时，趋于 0, 存在点 $\zeta\in I_n, n\in\mathbf{N}$. 由于 $x_n\notin I_n$ 对任一 n 成立，故 ζ 不会是任一 x_n, 但 ζ 显然属于 $[0,1]$, 发生矛盾，这表明 $[0,1]$ 是不可列点集.

可列集是无限集中最简单的一类集. 设想把一切集进行分类，凡彼此对等的归于同一类，不对等的属于不同的类，对于每类集我们给予一个标志，表示“集合元素的多少”，并用势来称呼它。例如，可列集的势记为 $\aleph_0$ ，(读作阿列夫零). 与区间 $[0,1]$ 对等的集的势记为 $\aleph$(读作阿列夫), 并称为连续集的势. 由定理 2.3 知道， $\aleph$ 与 $\aleph_0$ 不同，对于一般集 A ，用 $\overline{\overline{A}}$ 表示它的势.

关于势的大小，仍借用对等来定义.

定义 2.7 设 A, B 为两个集，而 A 与 B 的一个子集对等，则称 A 的势小于或等于 B 的势，记为 $\overline{\overline{A}}\le\overline{\overline{B}}$ ，或 $\overline{\overline{B}}\ge\overline{\overline{A}}$. 若 A 与 B 不对等，且 A 与 B 的一个子集对等，则称 A 的势小于 B 的势，记为 $\overline{\overline{A}}<\overline{\overline{B}}$.

具有 n 个元素的非空有限集的势记为 n ，而空集的势记为 0 ，那么有下列势的关系

$$0<n<\aleph_0<\aleph.$$

设 $A=\{a_1,a_2,\cdots,a_n\}$ 为有限集，记 $\mathscr{A}$ 为 A 的一切子集所成的类，则 $\mathscr{A}$ 的元是

$$\emptyset,\{a_1\},\{a_2\},\cdots,\{a_n\},\{a_1,a_2\},\cdots,\{a_{n-1},a_n\},\cdots,\{a_1,a_2,\cdots,a_n\}.$$

它共有 $\binom{n}{0}+\binom{n}{1}+\cdots+\binom{n}{n}=2^n$ 个元素，显然 $2^n>n$. 将这一概念推广到一般情况，有下面的定理.

定理 2.4 设集 A 的势为 μ，用 2^μ 表示 A 的一切子集所成的类的势，则有 $2^\mu>\mu$.

证：设 $\mathscr{A}$ 表示 A 的一切子集所成的类，$\mathscr{A}$ 的势为 2^μ, 因 $\mathscr{A}$ 是由 A 的一切子集构成，A 的一切单元素集所成的类 (记为 $\mathscr{A}_0$) 是 $\mathscr{A}$ 的子集，$\mathscr{A}_0$ 显然与 A 对等，故有 $2^\mu\geq\mu$. 剩下的只须证明等号不可能成立，假定相反，则存在一一映射 $f:\mathscr{A}\to A$, 令

$$A_1=\{f(E):E\in\mathscr{A},\,f(E)\notin E\},$$

则集 A_1 为 A 的一非空子集，同时 A_1 本身又是 $\mathscr{A}$ 的一个元素.

于是，我们将产生矛盾，因为如果看成 $\mathscr{A}$ 的元 A_1 被 f 映为 $f(A_1)$, 即 $f(A_1)\in A_1$ 时，据 A_1 的定义，A_1 中无 $f(A_1)$ 这个元，于是将有 $f(A_1)\notin A_1$ 矛盾；若 $f(A_1)\notin A_1$, 仍据 A_1 定义，应有 $f(A_1)\in A_1$, 亦明显矛盾，故所述一一映射 f 不存在，因而得 $2^\mu>\mu$，定理得证.

由上述定理可看出，从任意一个集 A 出发可以作出一个集 $\mathscr{A}$，它的势大于 A 的势，也就是说，不存在最大势的集，特别当定理中的 A 为可列集时，我们有 $2^{\aleph_0}>\aleph_0$.

关于势的比较，我们有下列常用的 Bernstein 定理.

定理 2.5 设 λ,μ 为两个集合的势。若 $\lambda\leq\mu,\mu\leq\lambda$ 同时成立，则有 $\lambda=\mu$.

证：设 A 的势为 λ， B 的势为 μ，由 $\lambda \le \mu$ 知存在 B 的子集 B_0 使 $A \sim B_0$，设映射 f 为实现 A 与 B_0 的一一对应，同样，由 $\mu \le \lambda$ 知存在 A 的子集 A_0，使 $B \sim A_0$，并有映射 g 实现 B 与 A_0 的一一对应 (见图 2).

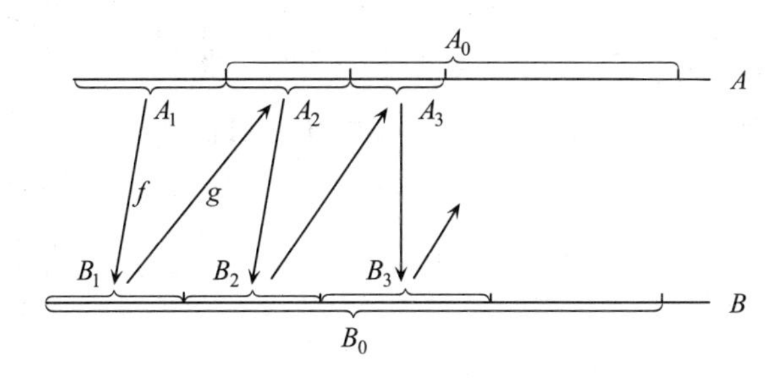

图 2

令

$$
\begin{aligned}
&A - A_0 = A_1, && f(A_1) = B_1 \\
&g(B_1) = A_2, && f(A_2) = B_2 \\
&g(B_2) = A_3, && f(A_3) = B_3 \\
&\cdots\cdots && \cdots\cdots
\end{aligned}
$$

由于 $A_2 = g(B_1) \subset A_0$, 从而 A_1 与 A_2 不相交，所以 B_1 与 B_2 不相交，再由 f 与 g 都是一一映射，故 $A_1, A_2, A_3, \cdots$ 等互不相交， $B_1, B_2, B_3, \cdots$ 等也互不相交。显然，由映射 f 知 $A_n \sim B_n, n \in N$，故 $\bigcup\limits_{n=1}^{\infty} A_n \sim \bigcup\limits_{n=1}^{\infty} B_n$，另一方面，由映射 g 知 $B \sim A_0, B_k \sim A_{k+1}, k \in N$，故

$$B - (\bigcup_{k=1}^{\infty} B_k) \sim A_0 - \bigcup_{k=1}^{\infty} A_{k+1} = A - \bigcup_{n=1}^{\infty} A_n$$

从而

$$A = (A - \bigcup_{n=1}^{\infty} A_n) \bigcup (\bigcup_{n=1}^{\infty} A_n) \sim (B - \bigcup_{n=1}^{\infty} B_n) \bigcup (\bigcup_{n=1}^{\infty} B_n) = B$$

例 5：证明实数列全体 $\mathbf{R}^{\infty} = \{(x_1, x_2, \cdots, x_k, \cdots) : x_k \in \mathbf{R}, k \in \mathbf{N}\}$ 的势为 $\aleph$.

证：因 $(0,1)\sim(-\infty,\infty)$, 知

$$B=\{(x_1,x_2,\cdots,x_k,\cdots):x_k\in(0,1),k\in\mathbf{N}\}\sim\mathbf{R}^\infty$$

所以只需证明 $\overline{\overline{B}}=\aleph$, 而由映射

$$x\to(x,x,\cdots,x,\cdots),\forall x\in(0,1)$$

知 $\aleph\le\overline{\overline{B}}$ 。另一方面， $\forall x=(x_1,x_2,\cdots)\in B$ ，假设 $x_1,x_2,\cdots$ 的十进制无限小数表示为

$$x_1=0.x_{11}x_{12}x_{13}\cdots$$

$$x_2=0.x_{21}x_{22}x_{23}\cdots$$

$$\cdots\cdots\cdots\cdots$$

则映射

$$x\to 0.x_{11}x_{12}x_{21}x_{13}x_{22}x_{31}\cdots\cdots$$

是 B 到 $(0,1)$ 的单射，从而 $\overline{\overline{B}}\le\aleph$ ，于是由 Beinstein 定理知 $\overline{\overline{B}}=\aleph$.

例 5 可解释为可列个势为 $\aleph$ 的集的并集的集合的势为 $\aleph$.

例 6：设 M 为 $[0,1]$ 上一切有界实函数的类，试证 $\overline{\overline{M}}=2^\aleph$ 。

证：设 E 是 $[0,1]$ 的任一子集，作函数

$$\chi_E(x)=\begin{cases}1, & x\in E\\ 0, & x\in[0,1]-E\end{cases}$$

即 $\chi_E(x)$ 为 E 的特征函数，显然， $\chi_E(x)\in M$ ，由此可知 $[0,1]$ 的任一子集(看成一个元)都与 M 中的一个元相对应，但 $[0,1]$ 的一切子集所成的类的势为 $2^\aleph$, 故 $\overline{\overline{M}}\ge 2^\aleph$.

另一方面，对于每个 $f\in M$ ，函数图像 $\{(x,f(x)):x\in[0,1]\}$ 为平面上的一子集，如果用 A 表示平面的一切子集所成的类，那么 $\overline{\overline{M}}\le\overline{\overline{A}}$ ，但 $\overline{\overline{A}}=2^\aleph$, 于是由 Beinstein 定理知 $\overline{\overline{M}}=2^\aleph$.

1.3 一维开集、闭集及其性质

本节内容在本质上对多维点集也适用.

定义 3.1 设 $a \in \mathbf{R}$，含有 a 的任一开区间称为 a 的邻域，设 $\delta > 0$，则称开区间 $(a-\delta, a+\delta)$ 为点 a 的 δ 邻域，记为 $O(a,\delta)$，称集 $O(a,\delta)-\{a\}$ 为 a 的一个去心邻域。设 $E \subset \mathbf{R}$, 对 $a \in E$, 如果存在 a 的某个邻域 (α,β) 使得 $a \in (\alpha,\beta) \subset E$, 则称 a 为 E 的内点. 若 E 的每一点都是 E 的内点，则称 E 为开集.

不难验证开区间，空集 $\emptyset$ 及 $\mathbf{R}$ 本身都是开集.

定理 3.1 开集有下列性质:

(i) 任意个开集的并是开集;

(ii) 有限个开集的交是开集.

证： (i) 设 $G_\alpha, \alpha \in I$ 是一族开集，令 $G = \bigcup\limits_{\alpha} G_\alpha$，任取 $x \in G$，则有某个 $\alpha_0 \in I$，使 $x \in G_{\alpha_0}$，从而 x 是 G_{α_0} 的内点，更是 G 的内点，故 G 为开集。

(ii) 设 $G_1, G_2, \cdots, G_p$ 是开集，令 $G = \bigcap\limits_{k=1}^{p} G_k$，任取 $x \in G$，则对每个 $k = 1, 2, \cdots, p$，有 $x \in G_k$，于是有 x 的邻域 (α_k, β_k) 使

$$x \in (\alpha_k, \beta_k) \subset G_k, k = 1, 2, \cdots, p$$

令 $\alpha = \max\limits_{1 \le k \le p} \alpha_k, \beta = \min\limits_{1 \le k \le p} \beta_k$，则 $x \in (\alpha, \beta) \subset G$，故 x 是 G 的内点，这就证明了 G 为开集.

注：无限多个开集的交不一定是开集，例如令 $G_k = (-\frac{1}{k}, \frac{1}{k}), k \in N$，则 $\bigcap\limits_{k=1}^{\infty} G_k = \{0\}$ 不是开集.

定义 3.2 设 $E \subset \mathbf{R}, a \in \mathbf{R}$，若 a 的任意一邻域 (α,β) 内均含有 E 中异于

a 的点，即 $((\alpha,\beta)-\{a\})\cap E\neq\emptyset$，则称 a 为 E 的聚点。E 的一切聚点所成的集称为 E 的导集，记为 E'.

由聚点的定义，我们不难给出 a 不是 E 的聚点的定义的正面叙述：若存在 a 的一个邻域 (α,β)，使得在 (α,β) 内除了 a 之外不含 E 中点即 $((\alpha,\beta)-\{a\})\cap E=\emptyset$，则 a 不是 E 的聚点.

注： E 的聚点不一定属于 E.

显然，若 a 是 E 的聚点，则含有 a 的任何邻域均含有 E 的无穷多个点．事实上，假如不然，a 的某个邻域 (α,β) 只含 E 的有限多个点 $x_1,x_2,\cdots,x_p$ 的话，不妨设它们均与 a 不同，令

$$\delta=\min\{|a-\alpha|,|a-\beta|,|a-x_1|,\cdots,|a-x_p|\}$$

则 a 的邻域 $(a-\delta,a+\delta)(\delta>0)$ 将不含 E 中异于 a 的任何点，这与 $a\in E'$ 矛盾.

例 1：设 $E=\{\frac{1}{k}\},k\in\mathbf{N}$，则原点是 E 的唯一聚点且不属于 E，又闭区间 $[a,b]$ 的任一点均为区间 $E=(a,b)$ 的聚点.

在讨论聚点时，下述性质是方便的.

定理 3.2 设 $E\subset\mathbf{R}$, a 是 E 的聚点的充要条件是存在 E 中的点列 $\{a_k\}$ $(a_k\neq a)$ 收敛于 a.

证：由聚点的定义，充分性是显然的.

现证必要性，设 a 是 E 的聚点，先在 $(a-1,a+1)$ 中选取一点 $a_1\in E$, $a_1\neq a$, 令$\delta_1=|a-a_1|$，再在邻域 $(a-\frac{\delta_1}{2},a+\frac{\delta_1}{2})$ 中取点 $a_2\in E$, $a_2\neq a$，一般地，令 $\delta_k=|a-a_k|$，在邻域 $(a-\frac{\delta_k}{2^k},a+\frac{\delta_k}{2^k})$ 中取点 $a_{k+1}\in E$, 且 $a_{k+1}\neq a$, 由归纳法，得到点列 $\{a_k\}_{k\in N}$, 显然 $a_k\to a$, $a_k\neq a$.

定义 3.3 若 $\mathscr{C}E = R - E$ 为开集，则称 E 为闭集。我们称 $E - E'$ 中的点为 E 的孤立点，即 E 的孤立点就是 E 中的那些不是聚点的点。E 的闭包是指集 $E \cup E'$，记为 $\overline{E}$，即 $\overline{E} = E \cup E'$，若 $E' = E$，则称 E 为完全集.

定理 3.3 E 为闭集的充要条件是 $E' \subset E$.

证：必要性，$\forall x \in E'$，下证 $x \in E$，(反证) 若 $x \in \mathscr{C}E$，因 E 为闭，所以 $\mathscr{C}E$ 为开，所以存在 x 的邻域 (α, β)，使得 $x \in (\alpha, \beta) \subset \mathscr{C}E$，所以 x 不是 E 的聚点，这与 $x \in E'$ 矛盾.

充分性，只证明 $\mathscr{C}E$ 为开集，$\forall x \in \mathscr{C}E$，因 $E' \subset E$，有 $\mathscr{C}E' \supset \mathscr{C}E$，所以 $x \in \mathscr{C}E'$，这样，x 不属于 E 且不是 E 的聚点，故存在 x 的邻域 (α, β)，使 $x \in (\alpha, \beta) \subset \mathscr{C}E$，因而 x 是 $\mathscr{C}E$ 的内点，所以 $\mathscr{C}E$ 为开集，即 E 为闭集.

推论 E 为闭集 $\Leftrightarrow E = \overline{E}$

定理 3.4 (i) 设 $A \subset B$，则 $A' \subset B'$

(ii) $(A \cup B)' = A' \cup B'$

证: (i) 任取 $x \in A'$，并设 (α, β) 是 x 的任一邻域，则 (α, β) 中含有 A 中异于 x 的一点，因 $A \subset B$，从而在 (α, β) 中也含有 B 中异于 x 的点，因而 $x \in B'$，即 $A' \subset B'$.

(ii) 由于 $A \subset A \cup B$，据 (i)$A' \subset (A \cup B)'$，同理 $B' \subset (A \cup B)'$，故 $A' \cup B' \subset (A \cup B)'$.

另一方面，任取 $a \in (A \cup B)'$，可断定 $a \in A' \cup B'$，若不然，$a \notin A' \cup B'$，那么有 $a \notin A'$ 且 $a \notin B'$，因而有 a 的某一邻域 (α_1, β_1)，其中不含 A 中异于 a 的点，同时有 a 的某一邻域 (α_2, β_2)，其中不含 B 中异于 a 的点，取

$\alpha=\max\{\alpha_1,\alpha_2\},\beta=\min\{\beta_1,\beta_2\}$，则 (α,β) 为 a 的邻域，其中不含 $A\cup B$ 中异于 a 的点，这表明 a 不是 $A\cup B$ 的聚点，与假设矛盾，因此得到 $(A\cup B)'\subset A'\cup B'$，这就证明 (ii).

定理 3.5 闭集具有下列性质

(i) 任意多个闭集的交集为闭集;

(ii) 有限多个闭集的并集为闭集.

证：设 $\{F_\alpha\}_{\alpha\in I}$ 为闭集类，则 $\{\mathscr{C}F_\alpha\},\alpha\in I$ 为开集类，据定理 1.2 得到

$$\mathscr{C}(\bigcap_\alpha F_\alpha)=\bigcup_\alpha(\mathscr{C}F_\alpha),\quad \mathscr{C}(\bigcup_\alpha F_\alpha)=\bigcap_\alpha(\mathscr{C}F_\alpha)$$

于是据定理 3.1 的 (i)，对于所给任意指标集 I, $\bigcup(\mathscr{C}F_\alpha)$ 为开集，即：$\mathscr{C}(\bigcap F_\alpha)$ 为开集，故 $\bigcap F_\alpha$ 为闭，这就证明了 (i)，同样，对于有限指标集 I 据定理 3.1 的 (ii) 得结论 (ii).

注：无限多个闭集的并可能不是闭集，例如，取 $F_k=[\frac{1}{k},1], k=1,2,\cdots$，每个 F_k 为闭集，但它们的并 $\bigcup\limits_{k=1}^{\infty}F_k=(0,1]$ 不是闭集.

定理 3.6 设 $E\subset\mathbf{R}$ 为有界集，又设 $\alpha=\inf E,\beta=\sup E$，则

$$\beta\in\overline{E},\quad \alpha\in\overline{E}$$

证：若 $\beta\in E$，则显然 $\beta\in\overline{E}$，设 $\beta\notin E$，因为对于任一正数 $\varepsilon>0$，存在 $x\in E$，使得 $x>\beta-\varepsilon$，所以在包含 β 的任何一个开区间中必含有 E 的点. 但 $\beta\notin E$, 所以此点不是 β, 所以 β 是 E 的聚点，所以 $\beta\in E'\subset\overline{E}$.

同理可证 $\alpha\in\overline{E}$.

推论：有界闭集 F 必达到上、下确界.

证：设 $\beta=\sup F$，则 $\beta\in\overline{F}=F$.

我们看到，整个数直线 $\mathbf{R}$ 是既开又闭的，它的补集即空集 $\emptyset$ 亦然. 可以证明，在数直线的一切子集中，只有空集 $\emptyset$ 与 $\mathbf{R}$ 才具有这种二重性，证明留给读者.

为了指明集论的作用，这里举一个借用集论观点来描述连续函数的例子.

例 2：取基本集 $I=(0,1)$，设 $f(x)$ 是定义在 I 上的实函数。那么 $f(x)$ 在 I 上连续的充分必要条件是：对任何开集 $G\subset(-\infty,\infty)$, $f^{-1}(G)$ 恒为开集，即开集的原像是开集.

证：必要性，设 $f(x)$ 连续，并设 $f^{-1}(G)$ 非空，任取 $x_0\in f^{-1}(G)$，这表示 $f(x_0)\in G$，因 G 是开集，存在 $\varepsilon>0$，使

$$(f(x_0)-\varepsilon, f(x_0)+\varepsilon)\subset G$$

另一方面，根据连续性定义，存在 $\delta>0$，使得当 $x\in(x_0-\delta,x_0+\delta)$ 时，有

$$-\varepsilon<f(x)-f(x_0)<\varepsilon$$

可见当 $x\in(x_0-\delta,x_0+\delta)$ 时， $f(x)\in G$，从而 $(x_0-\delta,x_0+\delta)\subset f^{-1}(G)$，这表明 $f^{-1}(G)$ 中每一点都是它的内点，即 $f^{-1}(G)$ 是开集.

充分性，若对任何开集 G, $f^{-1}(G)$ 为开集，则对任意的 $x_0\in I$ 以及 $\varepsilon>0$，开区间 $(f(x_0)-\varepsilon,\ f(x_0)+\varepsilon)$ 的原像 U 是开集，由于 $x_0\in U$，存在 $\delta>0$ 使 $(x_0-\delta,x_0+\delta)\subset U$，即当 $x\in(x_0-\delta,x_0+\delta)$ 时，$f(x)\in(f(x_0)-\varepsilon,\ f(x_0)+\varepsilon)$，这表明 $f(x)$ 在 x_0 连续，由于 x_0 是任意的，故 $f(x)$ 在 I 上连续.

读者可以自行证明，如果取基本集 $I=[0,1]$，则 $f(x)$ 是 I 上连续函数的充要条件是，任何闭集 $F\subseteq\mathbf{R}$ 的原像 $f^{-1}(F)$ 是闭集.

1.4 开集的构造

在本节中，我们将详细讨论直线上有界开集的构造，对多维情形，我们仅给出开集构造的大意.

定义 4.1 设 $G \subset \mathbf{R}$ 为有界开集. 若 $(a,b) \subset G$ 且 $a \notin G, b \notin G$，则称 (a,b) 为 G 的一个构成区间.

定理 4.1 有界非空开集 G 可表示为至多可列个互不相交的构成区间的并，即

$$G = \bigcup_k (\alpha_k,\, \beta_k)$$

其中 (α_k, β_k) 为 G 的构成区间.

证：先证明对于每个 $x_0 \in G$, x_0 一定属于 G 的某个构成区间，作

$$\alpha = \inf\{x : (x, x_0) \subset G\}, \quad \beta = \sup\{y : (x_0, y) \subset G\}$$

则 (α, β) 就是 G 的一个构成区间。事实上 $\forall \alpha' \in (\alpha, \beta)$，不妨设 $\alpha < \alpha' < x_0$，据 α 的定义，存在 $x' \in \{x : (x, x_0) \subset G\}$ 满足 $\alpha \leq x' < \alpha'$，且 $(x', x_0) \subset G$，从而 $\alpha' \in G$, 所以$(\alpha, \beta) \subset G$ 。下证 $\alpha \notin G$，若不然， $\alpha \in G$，将有 $\delta > 0$，使 $(\alpha - \delta, \alpha + \delta) \subset G$，从而有 $(\alpha - \delta, x_0) \subset G$, 这与 α 的定义相矛盾，同理可证 $\beta \notin G$, 因而 G 可以表示成一些构成区间的并。对于 G 的任意两个构成区间 (α_1, β_1) 与 (α_2, β_2)，如果有交点 x，则必

$$\alpha_1 < x < \beta_1 \qquad \alpha_2 < x < \beta_2$$

若 $\beta_2 < \beta_1$，则 $\beta_2 \in (\alpha_1, \beta_1) \subset G$，这是不可能的，所以 $\beta_1 \leq \beta_2$, 同理可证 $\beta_2 \leq \beta_1$，所以 $\beta_1 = \beta_2$ 。类似可证 $\alpha_1 = \alpha_2$，因此 (α_1, β_1) 与 (α_2, β_2) 完全一致，这种区间的个数至多可列是显然的.

注: 对于无界开集情形, 定理 4.1 的结论本质也是正确的, 只是要把 $(-\infty,\infty)$, $(-\infty,\beta)$ 与 (α,∞) 都看成构成区间的表现形式.

下面我们举出一个 Cantor 三分集, 它能用来说明实变函数论中不少问题. 其构造如下: 将闭区间 $[0,1]$ 三等分, 去掉中间那个开区间 $G_1=(\frac{1}{3},\frac{2}{3})$, 再把剩下的两个闭区间 $[0,\frac{1}{3}]$ 和 $[\frac{2}{3},1]$ 分别三等分, 各去掉其中间那个开区间 $G_2=(\frac{1}{9},\frac{2}{9}), G_3=(\frac{7}{9},\frac{8}{9})$, 然后对剩下的四个闭区间分别三等分, 各去掉其中间那个区间 G_4,G_5,G_6,G_7 , 这样继续不断地作下去, 就在闭区间 $[0,1]$ 上删去一列开区间 $\{G_n\}$, 记 $G_0=\bigcup\limits_{n=1}^{\infty}G_n$, 称 $P_0=[0,1]-G_0$ 为 Cantor 三分集, 从 P_0 的作法, 显然 P_0 是一个不含任何区间的闭集.

例: Cantor 三分集 P_0 有下列性质:

(i) P_0 是完全集;

(ii) P_0 是不可列的, 且 $\overline{\overline{P_0}}=\aleph$.

证 只须证明 P_0 无孤立点, 假定相反, P_0 有一孤立点 x_0 , 由于 0 与 1 显然是 P_0 的聚点, 故 $x_0\neq 0,1$, 在 $(0,1)$ 中存在开区间 (α_0,x_0) 与 (x_0,β_0) , 其中均无 P_0 的点, 即 $(\alpha_0,x_0)\subset G_0(\alpha_0,x_0)\subset G_0, (x_0,\beta_0)\subset G_0(x_0,\beta_0)\subset G_0$, 且 $x_0\overline{\in}G_0$, 从而可知 $(\alpha_0,x_0),(x_0,\beta_0)$ 将分别含在 G_0 的某两个构成区间 (α,x_0) 与 (x_0,β) 中, 于是 x_0 将成为 G_0 的某两个构成区间的公共端点, 但根据 G_0 的作法, 这是不可能的.

下证 P_0 是不可列的, 用反证法, 假设 P_0 是可列的, 将 P_0 中点编号成点列

$$x_1,x_2,x_3,\cdots,x_k,\cdots$$

显然 $[0,\frac{1}{3}]$ 与 $[\frac{2}{3},1]$ 中应有一个不含有 x_1, 用 I_1 表示这个闭区间, 将 I_1 三等分后所得左与右两个闭区间中, 应有一个不含 x_2 的, 用 I_2 表示它, 然后用 I_3 表

示三等分 I_2 时不含 x_3 的左或右那个闭区间，如此等等，这样，根据归纳法，得到一个闭区间列 $\{I_k\}_{k\in\mathbf{N}}$ ，由所述取法知，

$$I_1 \supset I_2 \supset \cdots \supset I_k \supset \cdots, \quad x_k \notin I_k, k \in \mathbf{N}$$

同时易见 I_k 的长为 $\frac{1}{3^k} \to 0(k \to \infty)$ ，由数学分析中闭区间套定理，存在点 $\xi \in I_k, k \in \mathbf{N}$ ，可是 ξ 是所有 I_k 的端点的聚点，从而是闭集 P_0 的聚点，故 $\xi \in P_0$ ，所以对于某个 $k_0 \in \mathbf{N}, x_{k_0} = \xi$ ，这与 $x_k \notin I_k(k \in \mathbf{N})$ 矛盾，故 P_0 不可列.

最后证明 $\overline{\overline{P_0}} = \aleph$. 其实，引进 $[0, 1]$ 中小数的三进制表示来考察区间 $(\frac{1}{3}, \frac{2}{3})$ 中每个点 x 可表示成

$$x = 0.1x_2x_3\cdots$$

其中 $x_2x_3, \cdots$ 是 $0, 1, 2$ 三个数字中之一，这区间的两个端点均有两种表示，规定采用 (不出现数字 1) ：

$$\frac{1}{3} = 0.0222\cdots \qquad \frac{2}{3} = 0.2000\cdots$$

区间 $(\frac{1}{3^2}, \frac{2}{3^2}), (\frac{7}{3^2}, \frac{8}{3^2})$ 中的点 x 可表示成

$$x = 0.01x_3x_4\cdots \qquad x = 0.21x_3x_4\cdots$$

其中 $x_3x_4, \cdots$ 是 $0, 1, 2$ 中任一数字，而区间端点则采用 (不出现数字 1) ：

$$\frac{1}{3^2} = 0.0022\cdots \qquad \frac{7}{3^2} = 0.2022\cdots$$

$$\frac{2}{3^2} = 0.0200\cdots \qquad \frac{8}{3^2} = 0.2200\cdots$$

如此等等，根据归纳法分析可知，依上述规定， G_0 中的点的三进制表示中必有一位数字是 1 ，且只有这样的点才属于 G_0 ，因而 P_0 与集

$$A = \{0, x_1x_2x_3\cdots : \forall\, x_k \in \{0, 2\}\}$$

成一一对应，且 A 显然与 $[0, 1]$ 对等，故 A 的势为 $\aleph$, 从而 $\overline{\overline{P_0}} = \aleph$.

定义 4.2 设 $E \subset \mathbf{R}$ ，若 $E' = \mathbf{R}$, 则称 E 为 $\mathbf{R}$ 中稠密集，若 $\mathscr{C}\bar{E}$ 在 $\mathbf{R}$ 中稠密时，称 E 为稀疏集.

显然， $\mathbf{R}$ 上的有理数集 $\mathbf{Q}$ 及无理数全体 $\mathbf{R}-\mathbf{Q}$ 都是 $\mathbf{R}$ 中稠密集，而 Cantor 三分集 P_0 是 $\mathbf{R}$ 中稀疏集.

对于多维情况，本质上与一维没有多少区别，我们只介绍大意.

设 $\mathbf{R}^n$ 记由 n 个实数所成的一切有序数组组成的集,即 $\mathbf{R}^n = \{(x_1, x_2, \cdots, x_n) : x_k \in \mathbf{R}, k = 1, 2, \cdots, n\}$ ，推广平面及空间解析几何中的二点间的距离公式，对于 $\mathbf{R}^n$ 中任意两点

$$x = (x_1, x_2, \cdots, x_n), \quad y = (y_1, y_2, \cdots, y_n)$$

定义它们之间的距离为

$$\rho(x, y) = \{(x_1 - y_1)^2 + (x_2 - y_2)^2 + \cdots + (x_n - y_n)^2\}^{\frac{1}{2}}$$

容易验明，距离有下列性质：

(i) 非负性： $\rho(x, y) \geq 0$: $\rho(x, y) = 0 \Leftrightarrow x = y$

(ii) 对称性： $\rho(x, y) = \rho(y, x)$

(iii) 三角不等式，对任何 $x, y, z \in \mathbf{R}^n$ 有

$$\rho(x, y) \leq \rho(x, z) + \rho(z, y)$$

对于 $\mathbf{R}^n$ 中的点集,也可以引进一些基本概念,设 $a \in \mathbf{R}^n$,称满足 $\rho(a, x) < r$ 的一切点所成的集为点 a 的邻域 $(r > 0)$ ，记为 $O(a, r)$ ，即

$$O(a, r) = \{x : x \in \mathbf{R}^n, \rho(x, a) < r\}$$

如同直线上点集一样，完全可类似地定义内点、开集、聚点、闭集等概念，下面以二维情形为例来叙述开集的构造.

所谓半闭正方形指的是形如 $\{(x,y): a \leq x < a+h, c \leq y < c+h, h>0\}$ 的集.

定理 4.2 $\mathbf{R}^2$ 中的非空开集 G 可表示为可列个互不相交的半闭正方形的并.

这个证明的叙述繁琐，我们略去.

1.5 距离

定义 5.1 设 $A \subset \mathbf{R}^n, a \in \mathbf{R}^n$ ，定义 a 到 A 的距离为

$$\rho(a, A) = \inf_{x \in A} \rho(a, x)$$

显然， $\rho(a, A) \geq 0$ ，且若 $a \in A$ ，则 $\rho(a, A) = 0$ ，反之未必成立，例如 $a = 0, A = (0,1)$ ，则 $\rho(a, A) = 0$ ，但 $a \notin A$.

定义 5.2 设 $A, B \subset \mathbf{R}^n$ ，定义 A 到 B 的距离为

$$\rho(A, B) = \inf_{x \in A, y \in B} \rho(x, y)$$

显然若 $A \cap B \neq \emptyset$ ，则 $\rho(A, B) = 0$ ，但逆不成立，例如 $A = (-1,0), B = (0,1), \rho(A, B) = 0,$ 但 $A \cap B = \emptyset$.

定理 5.1 设 $A, B \subset \mathbf{R}^n$ 为两个非空的闭集，并且其中至少有一个是有界的，那么一定存在 $a \in A$ 及 $b \in B$ ，使

$$\rho(a, b) = \rho(A, B)$$

证: 由下确界的定义，对于每一个自然数 n, 存在 $x_n \in A, y_n \in B$ ，使得

$$\rho(A, B) \leq \rho(x_n, y_n) < \rho(A, B) + \frac{1}{n}$$

由假设，A 及 B 中至少有一个为有界，不妨设 A 为有界集，则 $\{x_n\}$ 是一有界数列，由 Bolzano-Weierstrass 定理知 $\{x_n\}$ 有一子列 $x_{n_k} \to a(k \to \infty)$, 由于 A 为闭集，所以 $a \in A$.

现在我们考虑 $\{y_{n_k}\}$ 。设 $\rho(x_{n_k}, 0) \leq M$ ，则从

$$
\begin{aligned}
\rho(y_{n_k}, 0) &\leq \rho(y_{n_k}, x_{n_k}) + \rho(x_{n_k}, 0) \\
&\leq \rho(A, B) + \frac{1}{n_k} + M \leq \rho(A, B) + M + 1
\end{aligned}
$$

知道，$\{y_{n_k}\}$ 也是有界点列，它必有如下的收敛子数列：

$$
y_{n_{k1}}, y_{n_{k2}}, \cdots, y_{n_{kj}}, \cdots, \lim_{j \to \infty} y_{n_{kj}} = b
$$

但 B 是一闭集，所以 $b \in B$ ，所以

$$
\begin{aligned}
\rho(A, B) \leq \rho(a, b) &= \lim_{j \to \infty} \rho(y_{n_{kj}}, x_{n_{kj}}) \\
&\leq \lim_{j \to \infty} \frac{1}{n_{kj}} + \rho(A, B) = \rho(A, B)
\end{aligned}
$$

即

$$
\rho(a, b) = \rho(A, B).
$$

注 1: 如果定理中的 A 和 B 都不是有界的，则定理未必成立. 例如，设 $A = \{n\}, B = \{n + \frac{1}{2n}\}$ ，则 $A' = B' = \emptyset$, 所以 A 与 B 都是闭集，显然 $\rho(A, B) = 0$ ，然而因为 $A \cap B = \emptyset$ ，所以不存在如下的 $a \in A, b \in B$ ，使 $\rho(a, b) = 0$.

注 2: 定理中 A 与 B 二集均为闭的条件减为其中只有一个是闭集，那么定理就不成立，例如 $A = [1, 2), B = [3, 5]$ ，则 $\rho(A, B) = 1$.

推论 1: 设 A 与 B 都是非空闭集，且其中至少有一个是有界点集，若 $\rho(A, B) = 0$, 则 $A \cap B \neq \emptyset$.

推论 2: 设 F 是一非空闭集, x_0 是任意一点, 那么 F 中必有点 a 适合

$$\rho(x_0,a)=\rho(x_0,F)$$

推论 3: 如果点 x_0 与非空闭集 F 满足条件 $\rho(x_0,F)=0$, 则 $x_0\in F$.

定理 5.2 设 A 是一非空点集, $d>0$, 令

$$B=\{x:\rho(x,A)<d\}$$

则 $A\subset B$, 且 B 为开集.

证: 显然 $A\subset B$, 要证的是 B 为开集.

设 $x_0\in B$, 则 $\rho(x_0,A)<d$, 从而 A 中必有点 a 适合 $\rho(x_0,a)<d$, 令 $d-\rho(x_0,a)=h$, 下面将证 $O(x_0,h)\subset B$,

$\forall y\in O(x_0,h)$, 则 $\rho(y,x_0)<h$, 又因 $\rho(x_0,a)=d-h$, 所以

$$\rho(y,a)\le\rho(y,x_0)+\rho(x_0,a)<h+d-h=d$$

所以

$$\rho(y,A)\le\rho(y,a)<d$$

所以 $y\in B$, 即 $O(x_0,h)\subset B$, x_0 为 B 内点, 即 B 为开集.

习题一

1. 证明下列关系:

(i) $(A-B)\cap(C-D)=(A\cap C)-(B\cup D)$

(ii) $A-(B-C)\subset(A-B)\cup C$

(iii) $(A-B)\cup C=A-(B-C)$ 成立的充要条件是什么?

2. 给定集列 $\{A_n\}$, 令 $B_1=A_1, B_n=A_n-(\bigcup\limits_{j=1}^{n-1}A_j), n\ge 2$, 则 $\{B_n\}$ 是互

不相交集列，且

$$\bigcup_{j=1}^{n} A_j = \bigcup_{j=1}^{n} B_j, \qquad \bigcup_{j=1}^{\infty} A_j = \bigcup_{j=1}^{\infty} B_j$$

3. 试作下列各题中两集之间的一一对应：

(i) $[0,1]$ 与 $(0,1)$

(ii) $[a,b]$ 与 $(-\infty,\infty)$

4. 证明整系数多项式全体是可列的.

5. 设 $A=\{0,1\}$，试证一切排列：

$$\{a_1, a_2, \cdots, a_n, \cdots\}, \qquad a_n \in A$$

所成的集的势为 $\aleph$.

6. 证明可列集的一切子集所组成的集的势为 $\aleph$，即 $2^{\aleph_0}=\aleph$.

7. 试证定义在 $(-\infty,\infty)$ 上的单调函数的不连续点至多可列.

8. 设 $\{r_1, r_2, \cdots\}$ 是 $[0, 1]$ 中有理数全体，记 $C[0, 1]=\{f: f在[0, 1]上连续\}$，证明映射

$$\Phi: f \to \{f(r_1), f(r_2), \cdots\}, \forall f \in C[0, 1]$$

是 $C[0, 1]$ 上的单射.

9. 证明 $C[0, 1]$ 的势为 $\aleph$.

10. 设 M 表示 $(-\infty,\infty)$ 上一切单调函数所成的集，证明 $\overline{\overline{M}}=\aleph$.

11. 试证：

(i) 任何点集的内点全体是开集.

(ii) E' 是闭集.

12. 设 $f \in C[0,1]$ ， c 是常数，证明点集 $\{x : x \in [0,1], f(x) \geq c\}$ 为闭集，点集 $\{x : x \in (0,1), f(x) < c\}$ 为开集.

13. 设 G_1, G_2 是 $\mathbf{R}$ 中的开集，且 $G_1 \subset G_2$, 试证 G_1 的每个构成区间含于 G_2 的某个构成区间之中.

14. 试证 $\mathbf{R}$ 上既开又闭的集合只能是 $\emptyset$ 与 $\mathbf{R}$.

15. 设 A_1, A_2 为非空点集， $(A_1, A_2) = r > 0$ ，设

$$B_1 = \{x : \rho(x, A_1) < \frac{r}{2}\}$$

$$B_2 = \{x : \rho(x, A_2) < \frac{r}{2}\}$$

证明 $B_1 \cap B_2 = \emptyset$.

16. 设 F_1, F_2 为有界闭集，且 $F_1 \cap F_2 = \emptyset$ ，证明存在开集 G_1, G_2 ，满足 $G_1 \supset F_1, G_2 \supset F_2$ 且 $G_1 \cap G_2 = \emptyset$, 问题中 F_1, F_2 的有界性是否可以去掉？

17. 试证 $\mathbf{R}^n$ 中每个闭集可表为可列个开集的交，每个开集可表为可列个闭集的并.

18. 设点集列 $\{E_k\}$ 是有限区间 $[a,b]$ 中的渐缩序列， $E_1 \supset E_2 \supset \cdots$ ，且每个 E_k 均为非空闭集，试证交集 $\bigcap\limits_{k=1}^{\infty} E_k$ 非空.

第二章 Lebesgue 测度

2.1 有界开集、闭集的测度及其性质

定义 1.1 设 G 为 $\mathbf{R}$ 中非空有界开集，则 G 可表示为

$$G = \bigcup_{k} (\alpha_k, \beta_k)$$

规定 G 的测度为它的一切构成区间长度的和，并记为 mG ，即

$$mG = \sum_{k} (\beta_k - \alpha_k)$$

不难看出， k 可取 ∞ 时，上式右边的级数是收敛的，因为 G 有界，故存在区间 (a,b) ，使 $G \subset (a,b)$ ，故对任意自然数 n, 有 $\bigcup\limits_{k=1}^{n} (\alpha_k, \beta_k) \subset (a,b)$ ，从而

$$\sum_{k=1}^{n} (\beta_k - \alpha_k) \leq b - a$$

令 $n \to \infty$ ，得

$$\sum_{k=1}^{\infty} (\beta_k - \alpha_k) \leq b - a < \infty$$

定义 1.2 设 F 为非空有界闭集，任取一个包含 F 的开区间 (a,b) ，令 $G = (a,b) - F$ ，则 G 为开集，定义闭集 F 的测度为

$$mF = b - a - mG$$

容易看出， F 的测度与包含 F 的所取的开区间 (a,b) 无关，事实上，由于 F 为有界闭集，令 $\alpha = \inf\{x : x \in F\}, \beta = \sup\{x : x \in F\}$ 则 α, β 为实数，且均属于 F, 容易验明

$$G = (a, \alpha) \cup (\beta, b) \cup ((\alpha, \beta) - F)$$

且右边三个开集互不相交，由开集的测度的定义有

$$mG = \alpha - a + b - \beta + m((\alpha, \beta) - F)$$

即

$$b - a - mG = \beta - \alpha - m((\alpha, \beta) - F)$$

可见 mF 与 a, b 的取法无关.

所以 $\beta - \alpha - m((\alpha, \beta) - F)$ 也可以用来定义 F 的测度，由第一章的习题 14 我们知道，$\emptyset$ 与 R 是既开又闭的集，除此之外不再有其他的既开又闭的集，因此用上述方法定义闭集的测度是合理的，不会与开集的测度定义相矛盾.

例: 考虑 Cantor 三分集 P_0 与相应的开集 G_0 的测度，由上述定义可知

$$mG_0 = \frac{1}{3} + \frac{2}{3^2} + \frac{4}{3^3} + \cdots + \frac{2^k}{3^{k+1}} + \cdots = 1$$

所以 $mP_0 = 1 - mG_0 = 0$.

定理 1.1 设 G_1, G_2 是两个有界开集，且 $G_1 \subset G_2$，则 $mG_1 \leq mG_2$(单调性).

证：设 G_1, G_2 的构成区间分别是 $\{\delta_k\}$ 与 $\{\Delta_k\}, k \in \mathbf{N}$，则

$$mG_1 = \sum_k m\delta_k, \quad mG_2 = \sum_k m\Delta_k$$

由于 $G_1 \subset G_2$，所以由第一章习题 13，对于每个自然数 $n, \delta_1, \delta_2, \cdots, \delta_n$ 必含于 G_2 的某 m 个 $\Delta_{k_1}, \Delta_{k_2}, \cdots, \Delta_{k_m}$ 中，$m \leq n$。所以

$$\sum_{k=1}^{n} m\delta_k \leq \sum_{j=1}^{m} m\Delta_{k_j} \leq \sum_{j=1}^{\infty} m\Delta_j = mG_2$$

令 $n \to \infty$，所以 $mG_1 = \sum\limits_{k=1}^{\infty} m\delta_k \leq mG_2$.

定理 1.2 设有界开集 G 是有限个或可列个互不相交的开集的并，即 $G = \bigcup_k G_k, G_k$ 是开集且互不相交，则

$$mG = \sum_k mG_k \quad (\text{完全可加性}).$$

证：设 $\delta_i^{(k)}(i = 1, 2, \cdots)$ 是 G_k 的构成区间，下证 $\delta_i^{(k)}$ 也是 G 的构成区间. 事实上，$\delta_i^{(k)} \subset G$ 是显然的，下证 $\delta_i^{(k)}$ 的两端点都不属于 G，用反证法，假如 $\delta_i^{(k)}$ 的右端点 μ 属于 G，则 μ 必属于某一个 $G_{k'}$，由 $\mu \notin G_k$，所以 $k' \neq k$，而 $G_{k'}$ 为开集，则 $\mu \in \delta_j^{(k')}$，这说明 $\delta_i^{(k)} \cap \delta_j^{(k')} \neq \emptyset$，这与 $G_k \cap G_{k'} = \emptyset$ 矛盾，同样 $\delta_i^{(k)}$ 的左端点也不属于 G.

于是，一切 $\delta_i^{(k)}$ 都是 G 的构成区间，另一方面 G 中任一点必属于一个 $\delta_i^{(k)}$，且 $\delta_i^{(k)}$ 两两不交，所以 $\{\delta_i^{(k)}\}(i = 1, 2, \cdots, \ k = 1, 2, \cdots)$ 是 G 的全部构成区间，所以

$$mG = \sum_{i,k} m\delta_i^{(k)} = \sum_k \left(\sum_i m\delta_i^{(k)} \right) = \sum_k mG_k$$

引理 1.1 设区间 $(a, b) = \bigcup_k G_k$, G_k 为开集，则

$$b - a \leq \sum_k mG_k$$

证：设 G_k 的构成区间为 $\delta_i^{(k)}(i = 1, 2, \cdots)$，对于任意正数 $\varepsilon(\varepsilon < \frac{b-a}{2})$，闭区间 $[a + \varepsilon, b - \varepsilon]$，被 $\delta_i^{(k)}(i = 1, 2, \cdots, k = 1, 2, \cdots)$ 所覆盖，据有限覆盖定理，$\delta_i^{(k)}$ 中有有限个区间覆盖 $[a + \varepsilon, b - \varepsilon]$，用 $\sum'_{i,k} m\delta_i^{(k)}$ 表示这有限个区间的长度之和，则

$$\begin{aligned} b - a - 2\varepsilon &\leq \sum_{i,k}{}' m\delta_i^{(k)} \leq \sum_{i,k} m\delta_i^{(k)} \\ &= \sum_k \left(\sum_i m\delta_i^{(k)} \right) = \sum_k mG_k \end{aligned}$$

由于 ε 是任意的，所以

$$b-a\le\sum_k mG_k.$$

定理 1.3 设有界开集 G 是有限个或可列个开集 $G_1, G_2, \cdots$ 的并，即 $G=\bigcup_k G_k$，则

$$mG\le\sum_k mG_k \quad (\text{半可加性}).$$

证：设 $(\alpha_i,\beta_i)(i=1,2,\cdots)$ 是 G 的构成区间，则

$$mG=\sum_i(\beta_i-\alpha_i)$$

但 $$(\alpha_i,\beta_i)=(\alpha_i,\beta_i)\bigcap(\bigcup_k G_k)=\bigcup_k((\alpha_i,\beta_i)\bigcap G_k)$$

由引理 1.1

$$\beta_i-\alpha_i\le\sum_k m\big((\alpha_i,\beta_i)\bigcap G_k\big)$$

再由定理 1.2

$$\begin{aligned}&mG\le\sum_i(\sum_k m((\alpha_i,\beta_i)\bigcap G_k))\\&=\sum_k(\sum_i m((\alpha_i,\beta_i)\bigcap G_k))=\sum_k m((\bigcup_i(\alpha_i,\beta_i))\bigcap G_k)\\&=\sum_k mG_k\end{aligned}$$

引理 1.2 设 $F_1, F_2, \cdots, F_n$ 均为闭集，$F_k\subset(\alpha_k,\beta_k), k=1,2,\cdots,n$，且 (α_k,β_k) 等互不相交，则

$$m\Big(\bigcup_{k=1}^n F_k\Big)=\sum_{k=1}^n mF_k$$

证：仅对 $n=2$ 的情况证明，令

$$a_k=\inf\{x:x\in F_k\},\ b_k=\sup\{x:x\in F_k\},\ k=1,2$$

那么，由于 F_k 为闭集， $a_k, b_k \in F_k$ ，从而由闭集测度的定义知

$$mF_k = b_k - a_k - m\mathscr{C}_k F_k$$

其中 $\mathscr{C}_k F_k = (a_k, b_k) - F_k$.

不妨设 $b_1 < a_2$, 由于 $F_1 \cup F_2$ 为闭集，它含于闭区间 $[a_1, b_2]$ ，而 a_1, b_2 分别为 $F_1 \cup F_2$ 的下、上确界，故令 $\mathscr{C}(F_1 \cup F_2)$ 表示 $F_1 \cup F_2$ 关于 (a_1, b_2) 的补集时，有

$$m(F_1 \cup F_2) = b_2 - a_1 - m\mathscr{C}(F_1 \cup F_2)$$

但 $\mathscr{C}(F_1 \cup F_2) = \mathscr{C}_1 F_1 \cup \mathscr{C}_2 F_2 \cup (b_1, a_2)$ ，且右边三个开集互不相交，故根据定理 1.2

$$m\mathscr{C}(F_1 \cup F_2) = m\mathscr{C}_1 F_1 + m\mathscr{C}_2 F_2 + a_2 - b_1$$

从而

$$\begin{aligned} m(F_1 \cup F_2) &= b_2 - a_1 - (a_2 - b_1) - m\mathscr{C}_1 F_1 - m\mathscr{C}_2 F_2 \\ &= b_1 - a_1 - m\mathscr{C}_1 F_1 + b_2 - a_2 - m\mathscr{C}_2 F_2 \\ &= mF_1 + mF_2. \end{aligned}$$

定理 1.4 设 F 为闭集， G 为有界开集，且 $F \subset G$ ，则

$$m(G - F) = mG - mF$$

证：设 G 的构成区间是 $\{(\alpha_k, \beta_k)\}, k \in \mathbf{N}$ ，据有限覆盖定理，存在自然数 n ，使 $\bigcup\limits_{k=1}^{n} (\alpha_k, \beta_k) \supset F$ ，令 $F_k = F \cap (\alpha_k, \beta_k)$ ，则 F_k 含于 (α_k, β_k) ，且互不相交，下证 F_k 还是闭集.

事实上， $\forall x_0 \in F_k'$ ，存在 $x_n \in F_k$ ，使得 $x_n \to x_0$ ，又 $x_n \in F$ ，且 F 为闭，所以 $x_0 \in F$ ，又 $x_n \in (\alpha_k, \beta_k), x_0 \neq \alpha_k, \beta_k$(因为 $x_0 \in F \subset G$) ，所以

$x_0 \in (\alpha_k, \beta_k)$ ，所以 $x_0 \in F_k$ ，所以 F_k 为闭集，我们有

$$
\begin{aligned}
G - F &= \Big\{\bigcup_{k=1}^{n}(\alpha_k, \beta_k) - F\Big\} \bigcup \Big\{\bigcup_{k=n+1}^{\infty}(\alpha_k, \beta_k)\Big\} \\
&= \Big\{\bigcup_{k=1}^{n}((\alpha_k, \beta_k) - F_k)\Big\} \bigcup \Big\{\bigcup_{k=n+1}^{\infty}(\alpha_k, \beta_k)\Big\}
\end{aligned}
$$

所以

$$
\begin{aligned}
m(G - F) &= \sum_{k=1}^{n} m((\alpha_k, \beta_k) - F_k) + \sum_{k=n+1}^{\infty}(\beta_k - \alpha_k) \\
&= \sum_{k=1}^{n}(\beta_k - \alpha_k) - \sum_{k=1}^{n} mF_k + \sum_{k=n+1}^{\infty}(\beta_k - \alpha_k)
\end{aligned}
$$

注意到 F_k 满足引理 1.2 条件，得

$$
m(G - F) = \sum_{k=1}^{\infty}(\beta_k - \alpha_k) - m(\bigcup_{k=1}^{n} F_k) = mG - mF.
$$

推论：设 $F_k, k = 1, 2, \cdots, n$ 是互不相交的闭集，则

$$
m(\bigcup_{k=1}^{n} F_k) = \sum_{k=1}^{n} mF_k
$$

证：不妨设 $n = 2$ ，作开区间 $I \supset F_1 \cup F_2$ ，令 $G_k = I - F_k, k = 1, 2,$ 因 F_1, F_2 不相交， $G_1 \supset F_2$ ，于是由定理 1.4

$$
\begin{aligned}
mF_1 + mF_2 &= mI - (mG_1 - mF_2) = mI - m(G_1 - F_2) \\
&= mI - m(G_1 \cap G_2) = m(F_1 \cup F_2)
\end{aligned}
$$

对 n 进行归纳法证明，易得所要结果.

2.2　可测集及其性质

我们先引进有界集的外，内测度的定义.

定义 2.1 设 E 为有界集， E 的外测度 (记为 m^*E) 定义为一切包含 E 的开集的测度的下确界，即

$$m^*E = \inf\{mG : G \supset E, G\text{为开集}\}$$

E 的内测度 (记为 m_*E) 定义为所有含于 E 中闭集的测度的上确界，即

$$m_*E = \sup\{mF : F \subset E, F\text{为闭集}\}$$

从外、内测度的定义可以看出

(i) 当 E 为开集时， $m^*E = mE$;

(ii) 当 E 为闭集时， $m_*E = mE$.

对于任意开集 G 与闭集 F ，满足 $G \supset E \supset F$ 时，由定理 1.4 推出 $mG \geq mF$ ，固定 F ，而 G 变动取下确界时，即得 $m^*E \geq mF$ ，再令 F 变动取上确界时即得 $m^*E \geq m_*E$ ，也就是说任何有界集的内测度均不超过外测度.

另外，设 $E_1 \subset E_2$ ，因 $\{G : G\text{为开集，且}G \supset E_2\} \subset \{G : G\text{为开集，且}G \supset E_1\}$ ，所以

$$m^*E_2 = \inf_{G \supset E_2, G\text{为开集}} mG \geq \inf_{G \supset E_1, G\text{为开集}} mG = m^*E_1$$

即外测度具有单调性，同样内测度也具有单调性，即当 $E_1 \subset E_2$ 时， $m_*E_1 \leq m_*E_2$.

定义 2.2 设 E 为有界集，当 $m_*E = m^*E$ 时，称 E 为 Lebesgue 可测集，简称 E 为可测的，这时 E 的外测度或内测度称为 E 的测度，记为 mE, 即 $mE = m^*E = m_*E$.

以后我们看到 $\mathbf{R}$ 中的开集，闭集是可测的，且这些集的 Lebesgue 测度 mE, 与前面所定义的开集，闭集的测度是一致的.

不难验证，开区间、闭区间、半闭半开区间这样的集都是可测的，并且测度与区间的长度一致，特别地，由一点所成的集是可测的且测度为零.

现在来讨论可测集的性质,这些性质中有的是讲一个集为可测的充要条件,因而也可以作为可测集的定义.

定理 2.1 有界集 E 为可测的充要条件是：对任给的 $\varepsilon > 0$ ，存在开集 $G \supset E$ ，与闭集 $F \subset E$ ，使 $m(G-F) < \varepsilon$.

证：必要性，设 E 可测， $m^*E = m_*E$ ，由内外测度的定义，对任给的 $\varepsilon > 0$ ，存在开集 $G \supset E$ 与闭集 $F \subset E$ ，使

$$mG < m^*E + \varepsilon/2$$

$$mF > m_*E - \varepsilon/2$$

但 $m^*E = m_*E$, 故

$$m(G-F) = mG - mF < \varepsilon/2 + \varepsilon/2 = \varepsilon.$$

充分性，设对任给的 $\varepsilon > 0$ ，存在开集 $G \supset E$ ，与闭集 $F \subset E$ ，使 $m(G-F) < \varepsilon$ ，即 $mG - mF < \varepsilon$ ，又因 $mF \leq m_*E \leq m^*E \leq mG$ 所以 $0 \leq m^*E - m_*E \leq \varepsilon$ 。由 ε 的任意性得 $m^*E = m_*E$ ，即 E 可测.

定理 2.2 设基本集为 $X = (a,b)$ ，若 E 可测，则 E 关于 X 的补集 $\mathscr{C}E$ 也可测.

证：因 E 可测，据定理 2.1 ，对任意的 $\varepsilon > 0$ ，存在开集 $G \supset E$ ，与闭集 $F \subset E$ ，使 $m(G-F) < \varepsilon$ ，在 (a,b) 内取两点 $a', b'(a' < b')$ ，使开集 $G_1 = G \cup (a,a') \cup (b',b)$ (目的是使 $\mathscr{C}G_1$ 成为闭集) 满足

$$m(G_1 - F) < 2\varepsilon$$

易见 $\mathscr{C}G_1$ 是含在 $\mathscr{C}E$ 中的闭集，而 $\mathscr{C}F$ 是包含 $\mathscr{C}E$ 的开集，又因 $\mathscr{C}F - \mathscr{C}G_1 =$

$G_1 - F$，故 $m(\mathscr{C}F - \mathscr{C}G_1) < 2\varepsilon$, 据定理 2.1,$\mathscr{C}E$ 是可测的.

定理 2.3 若 E_1, E_2 可测, 则 $E_1 \cup E_2$, $E_1 \cap E_2$, $E_1 - E_2$ 均可测, 又若 E_1, E_2 不相交时, 则 $m(E_1 \cup E_2) = mE_1 + mE_2$.

证：因 E_1, E_2 均可测，对任意的 $\varepsilon > 0$，存在开集 G_i 与闭集 F_i，使

$$G_i \supset E_i \supset F_i, \quad m(G_i - F_i) < \varepsilon \quad i = 1, 2$$

令 $G = G_1 \cup G_2, F = F_1 \cup F_2$ 易见 $G - F \subset (G_1 - F_1) \cup (G_2 - F_2)$ 故 $m(G - F) < 2\varepsilon$，再注意到 $G \supset (E_1 \cup E_2) \supset F$ 且 G, F 分别为开集与闭集, 据定理 2.1 知 $E_1 \cup E_2$ 可测.

当 E_1, E_2 不相交时， F_1, F_2 也不相交，故

$$\begin{aligned} m(E_1 \cup E_2) &= m_*(E_1 \cup E_2) \geq m_*(F_1 \cup F_2) \\ &= m(F_1 \cup F_2) = mF_1 + mF_2 > mG_1 + mG_2 - 2\varepsilon \\ &= m^*G_1 + m^*G_2 - 2\varepsilon \geq m^*E_1 + m^*E_2 - 2\varepsilon \\ &= mE_1 + mE_2 - 2\varepsilon \end{aligned}$$

由 ε 的任意性，有 $m(E_1 \cup E_2) \geq mE_1 + mE_2$. 又因为

$$\begin{aligned} m(E_1 \cup E_2) &= m^*(E_1 \cup E_2) \leq m^*(G_1 \cup G_2) = m(G_1 \cup G_2) \\ &\leq mG_1 + mG_2 \leq mF_1 + \varepsilon + mF_2 + \varepsilon = m_*F_1 + m_*F_2 + 2\varepsilon \\ &\leq m_*E_1 + m_*E_2 + 2\varepsilon = mE_1 + mE_2 + 2\varepsilon \end{aligned}$$

由 ε 的任意性，所以

$$m(E_1 \cup E_2) \leq mE_1 + mE_2$$

因此得

$$m(E_1 \cup E_2) = mE_1 + mE_2.$$

最后，由关系

$$E_1\cap E_2=\mathscr{C}(\mathscr{C}E_1\cup\mathscr{C}E_2)$$
$$E_1-E_2=E_1\cap\mathscr{C}E_2$$

可知 $E_1\cap E_2, E_1-E_2$ 是可测的.

定理 2.4 设 E_1, E_2 是两个可测集， $E_1\subset E_2$, 则

$$mE_1\le mE_2.$$

证： $mE_1=m^*E_1\le m^*E_2=mE_2.$

定理 2.5 (i) 设 $E=\bigcup\limits_{k=1}^{n}E_k$ ，每个 E_k 均可测，则 E 也可测，又如果 E_k 等互不相交，则有

$$mE=\sum_{k=1}^{\infty}mE_k\qquad(\text{完全可加性})$$

(ii) 设 $E=\bigcap\limits_{k=1}^{\infty}E_k$, 且 E_k 可测， $k\in\mathbf{N}$, 则 E 也可测.

证： (i) 首先假定 E_k 等互不相交，据定理 2.3, 对任意自然数 n, $\bigcup\limits_{k=1}^{n}E_k$ 是可测的，而且有

$$m(\bigcup_{k=1}^{n}E_k)=\sum_{k=1}^{n}mE_k$$

所以

$$m_*E\ge m_*(\bigcup_{k=1}^{n}E_k)=m(\bigcup_{k=1}^{n}E_k)=\sum_{k=1}^{n}mE_k$$

令 $n\to\infty$ ，有

$$m_*E\ge\sum_{k=1}^{\infty}mE_k\tag{1}$$

另一方面，对每个 k ，可作开集 $G_k\supset E_k$ ，使 $mG_k<mE_k+\varepsilon/2^k, k\in\mathbf{N}$, 令 $G=\bigcup\limits_{k=1}^{\infty}G_k$ ，则

$$m^*E\le mG\le\bigcup_{k=1}^{\infty}mG_k<\bigcup_{k=1}^{\infty}mE_k+\varepsilon$$

令 $\varepsilon \to 0$ ，得

$$m^*E \le \sum_{k=1}^{\infty} mE_k \tag{2}$$

比较 (1) ， (2) ，知 $E = \bigcup\limits_{k=1}^{\infty} E_k$ 是可测的，且 $mE = \sum\limits_{k=1}^{\infty} mE_k$.

当 $E_k, (k=1,2,\cdots)$ 等是任意可测集情形，作

$$A_1 = E_1, A_2 = E_2 - E_1, A_3 = E_3 - (\bigcup_{k=1}^{2} E_k), \cdots$$

$A_n = E_n - (\bigcup\limits_{k=1}^{n-1} E_k), \cdots$ 由第一章习题 2 知 A_n 互不相交，且可测，且 $E = \bigcup\limits_{k=1}^{\infty} E_k = \bigcup\limits_{k=1}^{\infty} A_k$ ，得知 $E = \bigcup\limits_{k=1}^{\infty} E_k$ 可测.

(ii) 根据第一章定理 1.2 ， $\mathscr{C}E = \mathscr{C}(\bigcap\limits_{k=1}^{\infty} E_k) = \bigcup\limits_{k=1}^{\infty} (\mathscr{C}E_k)$ ，从而根据已证明的 (i) 知 $\mathscr{C}E$ 可测，因而 E 也可测.

从上述定理可以看出，可测集关于可列并可列交运算是封闭的.

由于一点所成的集的测度为零，根据测度的完全可加性，任意可列集的测度为零.

注：由定理 2.5 (i) 的证明可以看出，若 E_k 不一定可测，所证的 (2) 便为

$$m^*(\bigcup_{k=1}^{\infty} E_k) \le \sum_{k=1}^{\infty} m^*E_k$$

即外测度具有半可加性.

设 (a,b) 为基本集，根据定理 2.2 ，可知 E 与它的补集 $\mathscr{C}E$ 的可测性相同，再据可加性，当 E 或 $\mathscr{C}E$ 可测时，有等式

$$mE + m\mathscr{C}E = b - a$$

成立，当 E 未必可测时，我们有

引理 2.1 设 $E \subset (a,b)$, $\mathscr{C}E$ 是 E 关于 (a,b) 的补集，则有

$$m_*E + m^*\mathscr{C}E = b - a \tag{1}$$

证：对于任意的 $\varepsilon > 0$，取闭集 $F \subset E$，使

$$mF > m_*E - \varepsilon \tag{2}$$

F 关于 (a,b) 的补集 $\mathscr{C}F$ 为开集，且 $\mathscr{C}F \supset \mathscr{C}E$，故

$$m^*\mathscr{C}E \le m\mathscr{C}F = b - a - mF \tag{3}$$

于是由 (2)，(3) 得

$$m_*E + m^*\mathscr{C}E \le b - a + \varepsilon \tag{4}$$

另一方面，取开集 $G \supset \mathscr{C}E$，使

$$mG < m^*\mathscr{C}E + \varepsilon \tag{5}$$

取 $(a,a'),(b',b)$，作 $G_1 = G \cup (a,a') \cup (b',b)$，使

$$mG_1 < m^*\mathscr{C}E + 2\varepsilon \tag{6}$$

所以 $H = \mathscr{C}G_1 = (a,b) - G_1 = [a',b'] - G$ 是闭的，显然 $H \subset E$，故

$$m_*E \ge mH = b - a - mG_1$$

由此式与 (6) 得

$$m_*E + m^*\mathscr{C}E > b - a - mG_1 + mG_1 - 2\varepsilon$$

$$= b - a - 2\varepsilon$$

令 $\varepsilon \to 0$，得 $m_*E + m^*\mathscr{C}E \geq b-a$，此式与 (4) 一起表示 (1) 成立，引理证完.

从等式 (1) 可以看出，由于 E 与 $\mathscr{C}E$ 处于对称地位，等式

$$m_*\mathscr{C}E + m^*E = b-a$$

也成立，因而得到

$$m^*\mathscr{C}E - m_*\mathscr{C}E = m^*E - m_*E$$

由此推知，关于基本区间 (a,b)，集 E 与 $\mathscr{C}E$ 的可测性相同，这在定理 2.2 中已提到过了，此外，把 (1) 改写成

$$m_*E = b-a-m^*\mathscr{C}E$$

我们看出，集 E 的内测度可以通过它的补集的外测度来定义.

下面再给出可测集的另一充要条件.

定理 2.6 有界集 E 可测的充要条件是：对任意集 A，等式

$$m^*A = m^*(A\cap E) + m^*(A\cap \mathscr{C}E) \tag{1}$$

成立.

证：充分性，设 $E\subset(a,b)$，并且不妨假定 (a,b) 是基本区间，取 $A=(a,b)$，由条件 (1) 得

$$m^*E = b-a-m^*\mathscr{C}E$$

据引理 2.1，上式右边正是 E 的内测度 m_*E，故 $m^*E = m_*E$，即 E 可测.

必要性，设 E 可测，由外测度的半可加性，得

$$m^*A \leq m^*(A\cap E) + m^*(A\cap \mathscr{C}E) \tag{2}$$

另一方面，对任意的 $\varepsilon>0$，据外测度定义，存在开集 $G\supset A$，使

$$m^*A > mG-\varepsilon \tag{3}$$

这时 $G\cap E\subset A\cap E, G\cap \mathscr{C}E\supset A\cap\mathscr{C}E$ ，故

$$m^*(A\cap E)\le m(G\cap E), m^*(A\cap\mathscr{C}E)\le m(G\cap\mathscr{C}E)$$

不难看出，开集是可测的，且据定理 2.5 ，有

$$m(G\cap E)+m(G\cap\mathscr{C}E)=m\{(G\cap(E\cup\mathscr{C}E)\}=mG$$

从而由 (3) 式得

$$\begin{aligned} m^*A &> m(G\cap E)+m(G\cap\mathscr{C}E)-\varepsilon \\ &\ge m^*(A\cap E)+m^*(A\cap\mathscr{C}E)-\varepsilon \end{aligned}$$

令 $\varepsilon\to 0$ 即得

$$m^*A\ge m^*(A\cap E)+m^*(A\cap\mathscr{C}E)$$

把此式与 (2) 联合便得 (1).

定理 2.7 (i) 设 $\{E_k\}$ 是基本集 (a,b) 中的渐张可测集列, 即 $E_1\subset E_2\subset\cdots$ ，则 $E=\bigcup\limits_{k=1}^{\infty}E_k$ 是可测的，且 $mE=\lim\limits_{k\to\infty}mE_k$.

(ii) 设 $\{E_k\}$ 是基本集 (a,b) 中渐缩可测集列，即 $E_1\supset E_2\supset\cdots$ ，则 $E=\bigcap\limits_{k=1}^{\infty}E_k$ 是可测的，而 $mE=\lim\limits_{k\to\infty}mE_k$.

证： (i)$E=\bigcup\limits_{k=1}^{\infty}E_k$ 的可测性是显然的，注意到 E 的下列分解

$$E=E_1\cup(E_2-E_1)\cup\cdots\cup(E_k-E_{k-1})\cup\cdots$$

其中右边各项互不相交，应用定理 2.5 ，即得

$$\begin{aligned} mE &= mE_1+\sum_{k=2}^{\infty}m(E_k-E_{k-1}) \\ &= mE_1+\sum_{k=2}^{\infty}(mE_k-mE_{k-1})=\lim_{k\to\infty}mE_k \end{aligned}$$

对于 (ii) ，只须注意到 $\mathscr{C}(\bigcap\limits_{k=1}^{\infty}E_k)=\bigcup\limits_{k=1}^{\infty}(\mathscr{C}E_k)$ ，再应用 (i) 即得所需结论.

定义 2.3 以开集，闭集为对象，作至多可列次并或交的运算，所得的集称

为 Borel 集。

显然，一切 Borel 集都是可测的.

定义 2.4 若一个集可表为可列个开集的交，则称之为 G_δ 型集，若一个集可表为可列个闭集的并则称之为 F_σ 型集.

定理 2.8 设 E 是可测集，则存在 G_δ 集 A 与 F_σ 集 B, 满足 $A \supset E \supset B$, 且 $mE = mA = mB$.

证：设 E 可测，则 $mE = m^*E$ ，于是据外测度定义，对每个 $n \in \mathbf{N}$, 存在开集列 $G_n \supset E$ ，使 $mG_n < mE + \frac{1}{n}$ ，令 $A = \bigcap\limits_{n=1}^{\infty} G_n$ ，则 A 适合定理要求，其实， A 显然为 G_δ 集，且对任一 $n \in \mathbf{N}$ ，有 $E \subset A \subset G_n$ ，故 $0 \leq mA - mE \leq mG_n - mE < \frac{1}{n}$, 令 $n \to \infty$ ，即得 $mA = mE$.

同样，从 $mE = m_*E$ 出发，据内测度定义，对每个 $n \in \mathbf{N}$ ，存在闭集列 $F_n \subset E$ ，使 $mF_n > mE - \frac{1}{n}$ ，令 $B = \bigcup\limits_{n=1}^{\infty} F_n$ ，则 B 为含于 E 的 F_σ 集且 $mB = mE$.

定理 2.8 告诉我们，可测集 E 是与某个 G_δ 集以及某个 F_σ 集仅相差一个零测度的集，由于其逆也成立，这样我们就获得了可测集的构造，此外，从定理 2.8 的证明中可以看出，当 E 不可测时，则所作出的集 A 与 B 满足关系

$$mA = m^*E, \quad mB = m_*E.$$

2.3 R 上无界点集的测度

定义 3.1 设 E 是 $\mathbf{R}$ 上无界点集，若对于每个自然数 $n, E\bigcap[-n, n]$ 是 Lebesguc 可测集，则称 E 是直线上的一个 Lebesgue 可测集，并定义 E 的 Lebesgue 测度为

$$mE = \lim_{n\to\infty} m(E\cap[-n,n])$$

显然，当 E 有界可测时，上述极限与前面定义的 E 的测度相一致. 无界可测集与有界可测集有完全类似的性质，例如 (我们来证明) 下面定理.

定理 3.1 设 $\{E_k\}, k\in\mathbf{N}$ 是可测集列 (有界或无界)，则它的并集 $E=\bigcup\limits_{k=1}^{\infty} E_k$ 是可测的，又若 E_k 互不相交，则 $mE=\sum\limits_{k=1}^{\infty} mE_k$.

证：任取自然数 n，有

$$E\cap[-n,n] = \bigcup_{k=1}^{\infty}(E_k\cap[-n,n])$$

因 E_k 可测，从而 $E_k\cap[-n,n]$ 可测 $(k\in\mathbf{N})$，且它们都是含于 $[-n,n]$ 内的有界集，据有界可测集的性质，并集 $\bigcup\limits_{k=1}^{\infty}(E_k\cap[-n,n])$ 可测，这样，E 是可测的.

当 E_k 互不相交时，$E_k\cap[-n,n]$ 也是互不相交，据有界可测集的完全可加性，得

$$m(E\cap[-n,n]) = \sum_{k=1}^{\infty} m(E_k\cap[-n,n])$$

1) 当 $\sum\limits_{k=1}^{\infty} mE_k<\infty$ 时，由定义 3.1, 令 $n\to+\infty$, 可得

$$mE=\sum_{k=1}^{\infty} mE_k<+\infty$$

2) 当 $\sum\limits_{k=1}^{\infty} mE_k=+\infty$，对于每一个 $s\in\mathbf{N}$，

$$\begin{aligned} mE\geq m(\bigcup_{k=1}^{s} E_k) &= \lim_{n\to\infty} m(\bigcup_{k=1}^{s} E_k\cap[-n,n]) \\ &= \bigcup_{k=1}^{s} mE_k \end{aligned}$$

令 $s\to+\infty$, 得 $mE=+\infty$.

在这个证明中，我们看到，无界可测集的性质是相应的有界可测集性质的发展，而证明方法也只是多一个取极限步骤而已，一些其他的性质也极为类似，由于本质差别不大，故全部略去.

注 1: 对于多维空间中点集，同样可以建立 Lebesgue 测度理论，在本质上相同.

注 2: 我们接触到的点集大多是可测集，因而自然要问是否有不可测集存在？依赖于 Zermelo 选择公理，我们可以作出一个 $\mathbf{R}$ 中不可测集的例.

考察集的平移变换，设 h 为实数， E 为 $\mathbf{R}$ 的一子集，对于 $x \in E$ ，令 T_h 为平移变换。

$$T_h : x \to x + h,$$

并令

$$T_h(E) = \{T_h x : x \in E\},$$

称它为 E 的 h 平移变换，显然，设 $E = (\alpha, \beta)$ ，则 $T_h(E) = (\alpha + h, \beta + h)$ ，因而 E 的 h 平移变换后测度保持不变， $m(T_h E) = mE$ 。由此可知，当 E 为开集 G 时，亦有 $m(T_h G) = mG$ ，据外测度的定义，容易推出，对于任意点集 $E, T_h E$ 的外测度保持不变，从而当 E 可测时， $T_h E$ 也可测且有 $m(T_h E) = mE$ ，这种性质称为 Lebesgue 测度关于平移的不变性.

引理 3.1 设 E 是一维点集，具有正的测度，数 α 满足 $0 < \alpha < 1$ ，那么存在开区间 I ，使 $m(E \cap I) > \alpha m I$.

证：据外测度定义，存在一开集 $G \supset E$, 使

$$mE > \alpha mG$$

设 G 的结构表示 $G = \bigcup_k I_k, I_k$ 等为互不相交的开区间，那么必有某个 I_k 可以

作为引理中的 I ，其实，假设不然，对每个 $k \in \mathbf{N}$ ，有 $m(E \cap I_k) \leq \alpha m I_k$ ，则由等式

$$mE = m(E \cap G) = m\{\bigcup_k (E \cap I_k)\} = \sum_k m(E \cap I_k)$$

将推出

$$mE \leq \sum_k \alpha m I_k = \alpha m G$$

这同 G 的取法相矛盾.

引理 3.2 设 E 为正测度集，令 $\Delta(E) = \{x - y : x, y \in E\}$ ，则 $\Delta(E)$ 包含一个与原点对称的开区间 J.

证：应用引理 3.1，可作出开区间 I，使

$$m(E \cap I) > \frac{3}{4} m I$$

令 $J = (-mI/2, mI/2)$ ，则 J 符合引理要求.

其实，任取 $z \in J$ ，用 $A + z = T_z A$ 表示集 A 的 z 平移，那么有

$$(E \cap I) \cup ((E \cap I) + z) \subset I \cup (I + z)$$

注意到 $m(I \cup (I + z)) \leq mI + |z| < \frac{3}{2} mI$ ，便有

$$m\{(E \cap I) \cup ((E \cap I) + z)\} < \frac{3}{2} mI$$

我们断言， $E \cap I$ 与 $(E \cap I) + z$ 相交，因若不然的话，将有

$$\begin{aligned} & m\{(E \cap I) \cup ((E \cap I) + z)\} \\ & = m(E \cap I) + m((E \cap I) + z) \\ & = 2m(E \cap I) > \tfrac{3}{2} mI \end{aligned}$$

在这里利用了测度的平移不变性，这与上述结果相矛盾，于是可取一点 $x \in (E \cap I) \cap ((E \cap I) + z)$ ，从而 $x \in E$ ，且可写成 $x = y + z$ 的形式，这里 $y \in E$,

这样就有

$$z = x - y,\ \text{其中}\ x, y \in E,$$

即 $z \in \Delta(E)$ ，由于 z 是 J 中任意的点，故 $J \subset \Delta(E)$.

定理 3.2 一维不可测集是存在的.

证：设 $\mathbf{Q}$ 为有理数集，我们利用 $\mathbf{Q}$ 将 $\mathbf{R}$ 中的点分类，当 $x-y \in \mathbf{Q}$ 时，认为 x, y 属于同一等价类，这样， $\mathbf{R}$ 被分成等价类，并且每两个不同等价类互不相交. 其实，设 E_x, E_y 是不同等价类，如果有公共元 $z \in E_x \cap E_y$ ，则 $x - y = x - z + z - y \in \mathbf{Q}$ ，于是将有 $x, y \in E_y$ ，即 E_x 与 E_y 一致，矛盾. 由 Zermelo 选择定理，从每个等价类中取一点构成一集 E ，那么 E 就是不可测的.

为了证明 E 的不可测性，首先注意到 $\Delta(E) = \{x - y : x, y \in E\}$ 显然包含原点，且除原点外没有其他有理点，因而它不含有对称的开区间. 据引理 3.2 ，若 E 可测的话，将有 $mE = 0$. 其次设 a_1, a_2 是 $\mathbf{Q}$ 中任意两个不同的点，则集 $E_i = \{x : x = e + a_i, e \in E\} (i = 1, 2)$ 互不相交，因若不然的话，设有 $e_1, e_2 \in E$ 使 $e_1 + a_1 = e_2 + a_2$ ，将有 $e_1 - e_2 = a_2 - a_1 \in \mathbf{Q}$, 从而 $e_1 - e_2 = 0$ 或 $e_1 = e_2$ ，由此推出 $a_1 = a_2$ 矛盾，另一方面， $\mathbf{R}$ 中任一点 x 必属于这些等价类中之一，因而可写成 $x = e + a, e \in E, a \in Q$ ，因此，若将 $\mathbf{Q}$ 写成 $\{a_n\}, E_n = \{x : x = e + a_n, e \in E\}, n \in \mathbf{N}$, 则据测度的平移不变性，有 $mE_n = mE = 0$ ，从而结合 $\mathbf{R} = \bigcup\limits_{n=1}^{\infty} E_n$ ，将得出 $m\mathbf{R} = \sum\limits_{n} mE_n = 0$ ，这是不可能的，因而， E 的不可测性得到证明.

由上述等价类的作法，假如由每个等价类中取属于 $[0, 1)$ 中一点构成一集 E ，则 E 是有界不可测的.

习题二

1. 设 G_1, G_2 是开集，且 G_1 是 G_2 的真子集，是否一定有 $mG_1 < mG_2$?

2. 对任意开集 G，是否有 $m\bar{G} = mG$ 成立？

3. 已知 $[0,1]$ 无理点集 E 的测度为 1，试构造一个测度与 1 任意接近且含于 E 内的闭集以及包含 E 的开集.

4. 设 $E \subset R$，且 $m^*E = q > 0$，证明

(1) 函数 $f(x) = m^*(E \cap [-x, x])$ 在 $[0, \infty)$ 上单调递增且连续，并且

$$m^*E = \lim_{x \to \infty} f(x)$$

(2) 对任何 $c \in (0, q)$，有 $E_0 \subset E$，使 $m^*E_0 = c$.

5. 试作一闭集 $F \subset [0,1]$，使 F 中不含任何开区间，而 $mF = \frac{1}{2}$.

6. 设 $0 < c < 1$，试作一闭集 $F \subset [0,1]$，使 F 中不含任何开区间，而 $mF = c$.

7. 若 $m^*A = 0$，证明：对任意集 B，都有

$$m^*(A \cup B) = m^*B$$

8. 设 A, B 为有界集，证明：

$$|m^*A - m^*B| \le m^*[(A - B) \cup (B - A)]$$

9. 证明：对任意二集 A, B，总有

$$m^*(A \cup B) + m^*(A \cap B) \le m^*A + m^*B$$

10. 若 $\forall x \in E$，都存在 x 的邻域 $O(x)$，使得

$$m^*(O(x) \cap E) = 0$$

证明： $mE=0$.

11. 设 $\{E_k\}, k\in \mathbf{N}$ 可测且互不相交，证明：对任意集 A 总有

$$m^*[A\cap(\bigcup_{i=1}^{\infty}E_i)]=\sum_{i=1}^{\infty}m^*[A\cap E_i]$$

12. 若 $A_k\subset[0,1], mA_k=1, k\in\mathbf{N}$ ，证明：

$$m\bigcap_{k=1}^{\infty}A_k=1$$

13. 设 A 是可测集，而 $m^*B<\infty$ ，证明：

$$m^*(A\cup B)+m^*(A\cap B)=m^*A+m^*B$$

14. 设 A_1, A_2 是 $[0,1]$ 中的两个可测子集，且 $mA_1+mA_2>1$ ，证明：$m(A_1\cap A_2)>0$.

15. 设 $A_1,A_2,\cdots,A_n$ 是 $[0,1]$ 中 n 个可测子集，且满足 $\sum\limits_{k=1}^{n}mA_k>n-1$, 试证 $m(\bigcap\limits_{k=1}^{n}A_k)>0$ 。

16. 设 E 为一维有界集， $I_1, I_2,\cdots$ 是区间集列 (可以相交)，它的并复盖 E ，试证：

$$m^*E=\inf_{\cup I_k\supset E}\sum_{k=1}^{\infty}mI_k$$

17. 试证可列个零测度集的并仍是零测度集.

18. 试证定义在 $(-\infty,\infty)$ 上的单调函数的不连续点集是零测度集.

19. 设 $A_1,A_2,\cdots,A_n$ 是有限个互不相交的可测集,且 $E_k\subset A_k, k=1,2,\cdots,n$,试证

$$m^*(\bigcup_{k=1}^{n}E_k)=\sum_{k=1}^{n}m^*E_k$$

20. 设 G 是开集， E 是零测度集，试证 $\overline{G}=\overline{(G-E)}$.

21. 设 E_1,E_2 均有界可测，试证：

$$m(E_1\cup E_2)=mE_1+mE_2-m(E_1\cap E_2)$$

22. 设 $E_1\subset E_2\subset\cdots\subset E_n\subset\cdots$, 试证 $m^*(\bigcup\limits_{n=1}^{\infty}E_n)=\lim\limits_{n\to\infty}m^*E_n$.

23. 证明：有界集 E 可测的充要条件是，对任何开集 G 总有

$$m^*G=m^*(G\cap E)+m^*(G\cap\mathscr{C}E)$$

24. 设 $\{E_k\}$ 为 $\mathbf{R}$ 中互不相交的点集列， $E=\bigcup\limits_{k=1}^{\infty}E_k$ ，则

$$m_*E\geq\sum_{k=1}^{\infty}m_*E_k$$

25. 试证：若存在可测集 $X\supset E$, 且满足 $mX<+\infty$ 与 $mX=m^*E+m^*(X-E)$ ，则 E 是可测的.

第三章　Lebesgue 可测函数

3.1　Lebesgue 可测函数及其基本性质

设 $X=\mathbf{R}$ 是基本集， E 是它的一个可测子集 (有界或无界), $f(x)$ 是定义在 E 上的实函数，它的值允许取无穷大，设 α 是任一实数，用 $E(f>\alpha)$ 表示区间 $(\alpha,\infty]$ 在映射 f 下的原象 $f^{-1}((\alpha,\infty])$ 即

$$E(f>\alpha)=\{x:x\in E,f(x)\in(\alpha,\infty]\}$$

下面用到的记号 $E(f\geq\alpha)$, $E(\alpha<f<\beta)$ 等均照此理解.

定义 1.1 设 f 是定义在可测集 E 上的实函数，如果对每个实数 α, 集 $E(f>\alpha)$ 恒可测 (Lebesgue 可测), 则称 f 是 E 上 (Lebesgue) 可测函数.

设 E 可测，不难看出，下面可测函数的定义与定义 1.1 等价.

定义 1.2 若 $\forall\alpha\in\mathbf{R}$，集 $E(f\geq\alpha)$ 恒可测，则称 f 在 E 上可测.

定义 1.3 若 $\forall\alpha\in\mathbf{R}$，集 $E(f<\alpha)$ 恒可测，则称 f 在 E 上可测.

定义 1.4 若 $\forall\alpha\in\mathbf{R}$，集 $E(f\leq\alpha)$ 恒可测，则称 f 在 E 上可测.

定义 1.5 若 $E(f=+\infty),E(f=-\infty)$ 可测，且 $\forall\alpha,\beta\in\mathbf{R},(\alpha<\beta)$, 集 $E(\alpha<f<\beta)$ 恒可测，称 f 在 E 上可测.

证： (1)⇒(2) 这由关系式

$$E(\alpha<f)=\bigcup_{n=1}^{\infty}E(\alpha+\frac{1}{n}\leq f)$$

直接看出;

(2)⇒(3)　由 $E(f\geq\alpha)=E-E(f<\alpha)$ 看出;

(3)⇒(4)　由 $E(f<\alpha)=\bigcup\limits_{n=1}^{\infty}E(f\le\alpha-\frac{1}{n})$ 看出;

(4)⇒(1)　由 $E(f\le\alpha)=E-E(f>\alpha)$ 看出;

(1)⇒(5)　由 $E(f>\alpha)=\bigcup\limits_{n=n_0}^{\infty}E(\alpha<f<n)\cup E(f=+\infty)$ ，看出;

(5)⇒(1)　可由

$$
\begin{aligned}
&E(\alpha<f<\beta)=E(f>\alpha)-E(f\ge\beta)\\
&E(f=+\infty)=\bigcap_{n=1}^{\infty}E(f>n)\\
&E(f=-\infty)=\bigcap_{n=1}^{\infty}E(f<-n)
\end{aligned}
$$

看出.

定理 1.1　函数 f 是 $\mathbf{R}$ 上的可测函数的充分必要条件是: 对于每个开集 $G\subset\mathbf{R}$， $f^{-1}(G)$ 是可测集.

证：必要性: $\forall$ 开集 $G\subset\mathbf{R},G=\bigcup\limits_{n=1}^{\infty}(\alpha_n,\beta_n)$,

$$
f^{-1}(G)=\bigcup_{n=1}^{\infty}f^{-1}((\alpha_n,\beta_n))=\bigcup_{n=1}^{\infty}\mathbf{R}(\alpha_n<f<\beta_n)
$$

由于 f 可测，所以 $\mathbf{R}(\alpha_n<f<\beta_n)$ 可测，从而 $f^{-1}(G)$ 可测.

充分性: $\forall\alpha$，$\beta\in\mathbf{R}$，$\alpha<\beta$，因 (α,β) 是开集, 所以由条件 $f^{-1}((\alpha,\beta))=\mathbf{R}(\alpha<f<\beta)$ 是可测的, 又因为 $\mathbf{R}(f=+\infty)=\bigcap\limits_{n=1}^{\infty}\mathbf{R}(f>n)=\bigcap\limits_{n=1}^{\infty}f^{-1}((n,+\infty))$，所以 $\mathbf{R}(f=+\infty)$ 可测，同理可证 $\mathbf{R}(f=-\infty)$ 是可测的，所以由定义 1.5， f 在 $\mathbf{R}$ 上可测.

推论: 设 f 是定义在 $\mathbf{R}$ 上的连续函数，则 f 是 $\mathbf{R}$ 上的可测函数.

定理 1.2　设 E 可测， f 是 E 上的可测函数， F 与 E 相差一个零测度集，则 f 在 F 上可测.

证: 不妨设 $F\supset E$，且 $m(F-E)=0$，因为 $F=E\cup(F-E)$, 而

$E, F-E$ 可测，所以 F 可测，且 $mF = mE + m(F-E) = mE$ 。又 $\forall\alpha \in \mathbf{R}$ ，$F(f>\alpha) = E(f>\alpha) \cup (F-E)(f>\alpha)$ ，由于 $(F-E)(f>\alpha)$ 是零测度集的子集，所以 $(F-E)(f>\alpha)$ 可测，所以 $F(f>\alpha)$ 可测，由定义 1.1 ， f 在 F 上可测.

推论 设 $f(x)$ 是可测集 E 上的可测函数， g 是 E 上的实函数，若 $mE(f \neq g) = 0$ ，则 g 是 E 上的可测函数.

例 1: 设 $E = [0, 1]$, E 上的 Dirichlet 函数定义如下：

$$\Psi(x) = \begin{cases} 1, & \text{当}x\text{为}E\text{中有理点} \\ 0, & \text{当}x\text{为}E\text{中无理点} \end{cases}$$

则 $\forall\alpha \in \mathbf{R}$

$$E(\Psi>\alpha) = \begin{cases} E = [0, 1], & \alpha < 0 \\ E\text{中有理点集}, & 0 \le \alpha < 1 \\ \emptyset, & 1 \le \alpha < +\infty \end{cases}$$

右边三个集合都是可测集，所以 $\Psi(x)$ 是 $[0, 1]$ 上的可测函数.

例 2: 可测集 E 上的简单函数；设 $f(x)$ 在 E 上只取有限多个实数值 $c_1, c_2, \cdots, c_n$, 且 $E(f = c_1), E(f = c_2), \cdots, E(f = c_n)$ 均可测. 容易证明 E 上的简单函数是可测的，事实上，不妨设

$$c_1 < c_2 < \cdots < c_n,$$

$\forall\alpha \in \mathbf{R}$,

$$E(f>\alpha) = \begin{cases} \emptyset, & \text{若}\alpha \ge c_n \\ E(f = c_n), & \text{若}c_{n-1} \le \alpha < c_n \\ \cdots, & \\ E(f = c_n) \cup E(f = c_{n-1}) \cup \cdots \cup E(f = c_2), & \text{若}c_1 \le \alpha < c_2 \\ E, & \text{若}\alpha < c_1, \end{cases}$$

等式右边的各集均可测，所以 $E(f>\alpha)$ 为可测，所以 f 是可测函数.

利用集 E 的特征函数 $\chi_E(x)$，则简单函数 f 可以表示为

$$f(x) = \sum_{k=1}^{n} c_k \chi_{e_k}(x)$$

其中 $E = \bigcup_{k=1}^{n} e_k$，而 $e_k = E(f = c_k)$ 等互不相交，且可测.

定义 1.6 设 $f(x)$ 是定义在集 E 上的实函数，$x_0 \in E$, 如果对任何 $x_n \to x_0 (n \to \infty)(x_n \in E)$，有 $f(x_n) \to f(x_0)$，则称 $f(x)$ 在点 x_0 连续，如果 $f(x)$ 在 E 的每一点连续，则称 $f(x)$ 在 E 上连续.

例 3: 定义在闭集 E 上的连续函数 $f(x)$ 是可测的.

证: 闭集 E 是可测的，下证 $\forall \alpha \in \mathbf{R}$，$A = E(f \geq \alpha)$ 是闭集，从而是可测集，所以 f 是可测函数. $\forall x_0 \in A'$，由 $A' \subset E' \subset E$，得 $x_0 \in E$，由点列 $x_n \in A$，且 $x_n \to x_0$，$(x_n \neq x_0)$，因 $f(x_n) \geq \alpha$，由 f 的连续性，取极限得 $f(x_0) \geq \alpha$，所以 $x_0 \in A$，即 $A' \subset A$，所以 A 是闭集.

定义 1.7 设 S 是某个命题或某个性质，如果 S 在集 E 上除了某个零测度子集外处处成立，则说 S 在 E 上几乎处处成立，记为 S, a.e.

例如，两函数 f 与 g 在 E 上几乎处处相等指的是：$f(x)$ 与 $g(x)$ 不相等的点集 $E_0 = E(f \neq g)$ 的测度为零，而在 $E - E_0$ 上处处有 $f(x) = g(x)$，这时简称 f 与 g 对等，记成 $f \sim g$.

例 1 中的 Dirichlet 函数 $\Psi(x)$ 是对等于 0 函数的，即 $\Psi \sim 0$.

“几乎处处”是测度论中极其重要的概念，我们要经常用到几乎处处有限，几乎处处为正，几乎处处收敛等概念，很清楚，可测函数列 $\{f_n\}$ 在 E 上几乎处处收敛于函数 f，简称记为 $f_n \to f$, a.e.. 它的意义就是指在 E 上等式 $\lim f_n(x) = f(x)$ 几乎处处成立，或存在零测度集 E_0，使得 $\forall x \in E - E_0$，有

$\lim\limits_{n\to\infty} f_n(x) = f(x)$.

定理 1.3 设 $\{f_n(x)\}$，$n \in \mathbf{N}$ 是可测集 E 上定义的可测函数列，则 $\sup\limits_n f_n(x)$ 与 $\inf\limits_n f_n(x)$ 都是可测的.

证: $\forall \alpha \in \mathbf{R}$，我们只要证明下列等式

(i) $E(\sup f_n > \alpha) = \bigcup\limits_n E(f_n > \alpha)$;

(ii) $E(\inf f_n < \alpha) = \bigcup\limits_n E(f_n < \alpha)$.

先证 (i)，如果 $x_0 \in E(\sup f_n > \alpha)$，则 $\sup f_n(x_0) > \alpha$，于是有 n_0，使 $f_{n_0}(x_0) > \alpha$，这表明 $x_0 \in \bigcup\limits_n E(f_n > \alpha)$ 故得

$$E(\sup f_n > \alpha) \subset \bigcup_n E(f_n > \alpha)$$

另一方面，如果 $x_0 \in \bigcup\limits_n E(f_n > \alpha)$，则有 n_1 使 $x_0 \in E(f_{n_1} > \alpha)$ 即，$f_{n_1}(x_0) > \alpha$，从而 $\sup f_n(x_0) > \alpha$，这表明 $x_0 \in E(\sup f_n > \alpha)$，故得 $\bigcup\limits_n E(f_n > \alpha) \subset E(\sup f_n > \alpha)$，于是上面等式 (i) 得证，因每个集 $E(f_n > \alpha)$，$n \in \mathbf{N}$ 可测，它们的并也是可测的，从而 $E(\sup f_n > \alpha)$ 可测.

同理可证 (ii)，推知 $E(\inf f_n < \alpha)$ 的可测性.

定义 $f(x)$ 正部 f_+ 为

$$f_+(x) = \begin{cases} f(x), & 若 f(x) \geq 0 \\ 0, & 若 f(x) < 0 \end{cases}$$

而 $f(x)$ 的负部 f_- 定义为 $-f$ 的正部，即

$$\begin{aligned} f_-(x) = (-f)_+(x) &= \begin{cases} -f(x), & -f(x) \geq 0 \\ 0, & -f(x) < 0 \end{cases} \\ &= \begin{cases} -f(x), & f(x) \leq 0 \\ 0, & f(x) > 0 \end{cases} \end{aligned}$$

推论 1 设 $f(x)$ 是可测集 E 上的可测函数，则 $f_+(x)$ ， $f_-(x)$ 与 $|f(x)|$ 均可测.

证: 首先,由 $f(x)$ 的可测性知 $-f(x)$ 可测,这是因为,对任意实数 α, $E(-f>\alpha)=E(f<-\alpha)$ 因而恒为可测集。其次应用定理 1.3，由

$$f_+(x)=\sup\{f(x),0\}, f_-(x)=\sup\{-f(x),0\}$$

$$|f(x)|=\sup\{f(x),-f(x)\},$$

以及注意到 $-f$ 的可测性，可知推论成立.

推论 2 设 $\{f_n(x)\}$ ， $n\in\mathbf{N}$ 是可测集 E 上可测函数列，则 $\overline{\lim\limits_{n}} f_n(x)$ 与 $\underline{\lim\limits_{n}} f_n(x)$ 都是可测的.

为了证明推论 2 ，先证明下列引理

引理 1.1 (i) $\underline{\lim\limits_{n}} x_n=\sup\limits_{k}\inf\limits_{n\geq k} x_n$

(ii) $\overline{\lim\limits_{n}} x_n=\inf\limits_{k}\sup\limits_{n\geq k} x_n$

证: 设 $G_k=\inf\limits_{n\geq k} x_n=\inf\{x_k,x_{k+1},\cdots\}$

$$\leq \inf\{x_{k+1},x_{k+2},\cdots\}=G_{k+1}, k\in\mathbf{N}$$

因此 G_k 单调增加，所以存在 G ，使 $\lim\limits_{k\to\infty} G_k=G$ ，所以 $\lim\limits_{k\to\infty} G_k=\sup\limits_{k\geq 1} G_k$, 即 $G=\sup\limits_{k}\inf\limits_{n\geq k} x_n$

下证 G 是 x_n 的某个子列的极限.

由于 $G_k=\inf\limits_{n\geq k} x_n$ ，对于每一个 k ，必有 n_k ，使得

$$G_k\leq x_{n_k}<G_k+\frac{1}{k}$$

因为 $n_k\to\infty$ ，可以从中取出一个子列 $n_{k_1}<n_{k_2}\cdots<n_{k_v}<\cdots$, 所以

$$G = \lim_{\nu \to \infty} G_{k_\nu} = \lim_{\nu \to \infty} x_{n_{k_v}}$$

最后，我们要证明 $\{x_n\}$ 的任何一个收敛子列 x_{n_k} 的极限都不小于 G. 由于

$$G_{n_k} = \inf_{m \geq n_k} x_m \leq x_{n_k}$$

所以

$$G = \lim_{k \to \infty} G_{n_k} \leq \lim_{k \to \infty} x_{n_k}$$

因此 G 就是 $\{x_n\}$ 的一切收敛子列的极限的最小值，所以

$$\underline{\lim}\, x_n = G = \sup_k \inf_{n \geq k} x_n$$

推论 2 的证明：由引理 1.1，我们有

$$\overline{\lim}\, f_n(x) = \inf_k \sup_{n \geq k} f_n(x), \underline{\lim}_n\, f_n(x) = \sup_k \inf_{n \geq k} f_n(x),$$

应用定理 1.3 即得证.

当所述上，下极限一致时，即极限函数存在时，由推论 2 可知序列的极限函数 $\lim f_n(x)$ 可测，由于函数的可测性不受一个零测度集上的值的影响，既使是 $\lim\limits_n f_n(x)$ 几乎处处存在，它也可测，即是下面的定理.

定理 1.4 设 $\{f_n(x)\}, n \in \mathbf{N}$ 是可测集 E 上可测函数列，且 $\lim\limits_n f_n(x) = f(x), \text{a.e.}$ 则 f 是 E 上的可测函数.

特别我们指出，当 $f_n(x)$ 是 E 上的简单函数，而 $\lim\limits_{n \to \infty} f_n(x) = f(x), \text{a.e.}$ 则 $f(x)$ 是 E 上的可测函数. 反之可测函数也可用简单函数来逼近.

定理 1.5 设 $f(x)$ 是可测集 E 上非负可测函数，则存在非负递增的简单函数列 $\varphi_n(x)$：

$$0 \leq \varphi_1(x) \leq \varphi_2(x) \leq \cdots$$

使等式 $\lim\limits_{n\to\infty}\varphi_n(x)=f(x)$ 在 E 上处处成立

证：所述函数列 $\{\varphi_n(x)\}$ 构造如下：令

$$\varphi_n(x)=\begin{cases}\frac{r-1}{2^n}, & \text{当}\frac{r-1}{2^n}\le f(x)<\frac{r}{2^n},\ r=1,2,\cdots,n2^n\\ n, & \text{当}f(x)\ge n\end{cases}$$

$\varphi_n(x)$ 非负，下证 $\varphi_n(x)$ 单调增加.

(i) 当 $f(x)\ge n+1$ 时

$$\varphi_n(x)=n\le n+1=\varphi_{n+1}(x)$$

(ii) 当 $n\le f(x)<n+1$

$$\varphi_n(x)=n,\varphi_{n+1}(x)\ge n$$

所以

$$\varphi_n(x)\le\varphi_{n+1}(x)$$

(iii) 当 $0\le f(x)<n$ ，存在 $r_0\in\{1,2,\cdots,n2^n\}$

当 $\frac{r_0-1}{2^n}\le f(x)<\frac{r_0}{2^n}$ 时， $\varphi_n(x)=\frac{r_0-1}{2^n}$

因为

$$\frac{(2r_0-1)-1}{2^{n+1}}=\frac{r_0-1}{2^n}\le\frac{2r_0-1}{2^{n+1}}<\frac{2r_0}{2^{n+1}}=\frac{r_0}{2^n}$$

所以

$$\begin{aligned}\varphi_{n+1}(x)&=\begin{cases}\frac{r_0-1}{2^n},\text{当}\frac{r_0-1}{2^n}=\frac{2r_0-1-1}{2^{n+1}}\le f(x)<\frac{2r_0-1}{2^{n+1}}\\ \frac{2r_0-1}{2^{n+1}},\ \text{当}\frac{2r_0-1}{2^{n+1}}\le f(x)<\frac{r_0}{2^n}\end{cases}\\ &\ge\frac{r_0-1}{2^n}\end{aligned}$$

所以 $\varphi_n(x)\le\varphi_{n+1}(x)$ ， $\forall n\in\mathbf{N}$.

我们再来证明 $\lim\limits_{n\to\infty}\varphi_n(x)=f(x)$ ， $\forall x_0\in E$ ，如果 $f(x_0)<\infty$ ，则有自然数 n_0 存在，使 $f(x_0)<n_0$ ，故有

$$0\le f(x_0)-\varphi_n(x_0)<\frac{1}{2^n},n\ge n_0$$

因而 $\lim\limits_{n\to\infty}\varphi_n(x_0)=f(x_0)$ 。如果 $f(x_0)=\infty$, 则对每个 n ， $\varphi_n(x_0)=n$, 因而 $\lim\limits_{n\to\infty}\varphi_n(x_0)=\infty$.

注：因为一般的可测函数可表成它的正部与负部之差。

$$f(x)=f_+(x)-f_-(x)$$

故对 f_+,f_- 分别应用定理 1.5 ，即得：可测函数可表成简单函数列的极限，这样我们就可得可测函数的另一定义.

定义 1.8 $f(x)$ 是可测集 E 上可测函数的充要条件是它可表为一个简单函数列的极限.

引理 1.2 设 $f_1(x),f_2(x)$ 为可测集 E 上的简单函数，则它们的和、差、积与商 (自然假定分母几乎处处不为零) 仍是简单函数.

证：我们以和 $f_1(x)+f_2(x)$ 为例来证明引理，其余情形类似，于是设

$$f_1(x)=\sum_{k=1}^{p}{c_k}^{(1)}\chi_{e_k^{(1)}}(x)$$

$$f_2(x)=\sum_{j=1}^{q}{c_j}^{(2)}\chi_{e_j^{(2)}}(x)$$

其中 $E=\bigcup\limits_t e_t^{(i)}$, $e_t^{(i)}$ 等互不相交，且均可测 $(i=1,2)$ ，则

$$f_1(x)+f_2(x)=\sum_{k,j}(c_k^{(1)}+c_j^{(2)})\chi_{e_k^{(1)}\cap e_j^{(2)}}(x)$$

其中求和号是对一切 $k=1,\cdots,p,j=1,\cdots,q$ 而取的，就是说，和 f_1+f_2 是一个在可测集 $e_k^{(1)}\cap e_j^{(2)}$ 上取常数值 $c_k^{(1)}+c_j^{(2)}$ (共 pq 个) 的简单函数.

定理 1.6 在可测集 E 上定义的两个可测函数的和、差、积与商 (假定运算几乎处处有定义) 都是可测的.

证：设 $f(x),g(x)$ 是 E 上可测函数, 根据定义, 存在两个简单函数列 $\{f_n(x)\}$,

$\{g_n(x)\}$ ，适合

$$\lim_{n\to\infty} f_n(x) = f(x), \quad \lim_{n\to\infty} g_n(x) = g(x)$$

因而在定理的条件下，几乎处处有

$$\lim_n [f_n(x) \pm g_n(x)] = f(x) \pm g(x)$$

$$\lim_n f_n(x) g_n(x) = f(x) g(x)$$

在考虑商的可测性时，必须设 $g(x)$ 几乎处处不等于 0, 这时可以假定收敛于 $g(x)$ 的函数列 $g_n(x) \neq 0$ ，事实上，只要把 $g_n(x)$ 换成

$$g_n(x) + \frac{1}{n}(\text{sgn} g_n(x) + \frac{1}{2})$$

它显然是简单函数，且几乎处处有

$$\lim_n f_n(x)/g_n(x) = f(x)/g(x)$$

据引理 1.2, $f_n(x)$ 与 $g_n(x)$ 的代数运算均是简单函数， $n \in \mathbf{N}$, 从而应用定理 1.5 知两可测函数 $f(x)$ 与 $g(x)$ 的和、差、积与商均是可测的.

3.2 可测函数列的收敛性

我们先引进上限集与下限集的概念.

定义 2.1 设给定一个集列 $\{A_n\}_{n\in\mathbf{N}}$ ，它的上限集、下限集分别定义为

$$\overline{\lim} A_n = \bigcap_{k=1}^{\infty} \bigcup_{n=k}^{\infty} A_n, \quad \underline{\lim} A_n = \bigcup_{k=1}^{\infty} \bigcap_{n=k}^{\infty} A_n$$

上、下限集有如下等价定义.

定理 2.1 设 $\{A_n\}_{n\in N}$ 是集列，则

(i) $\overline{\lim} A_n = \{x : x$属于无穷多个集$A_n\}$;

(ii) $\underline{\lim} A_n = \{x :$ 存在n_0, 使当$n \geq n_0, x \in A_n\}$.

证: (i) 设 $x \in \overline{\lim} A_n$, 令 $B_k = \bigcup\limits_{n=k}^{\infty} A_n$ ，则 $\forall k \in \mathbf{N}, x \in B_k$, 由 $x \in B_1$ 可知有集 A_{k_1} 含有 x ，由 $x \in B_{k_1+1}$ 可知有集 $A_{k_2}(k_2 > k_1)$ 含有 x ，如此继续下去，可知存在 $A_{k_i}(i \in \mathbf{N})$ 含有 x.

另一方面，若存在集列 $\{A_{k_i}\}, i \in \mathbf{N}$ ，其中每个 A_{k_i} 均含有 x, 则对一切 k ，有 $x \in \bigcup\limits_{n=k}^{\infty} A_n$ ，从而 $x \in \bigcap\limits_{k=1}^{\infty} \bigcup\limits_{n=k}^{\infty} A_n$, 这就证明了 (i).

(ii) $\forall x \in \underline{\lim} A_n = \bigcup\limits_{k=1}^{\infty} \bigcap\limits_{n=k}^{\infty} A_n$, 存在 k_0 使得 $x \in \bigcap\limits_{n=k_0}^{\infty} A_n$ ，即当 $n \geq k_0$ 时，有 $x \in A_n$. 反之显然，所以 (ii) 成立.

由上述等价定义，显然有 $\underline{\lim} A_n \subset \overline{\lim} A_n$. 当 $\underline{\lim} A_n = \overline{\lim} A_n$ 时，我们称集列 $\{A_n\}$ 收敛，它的极限集定义为 $\lim A_n = \overline{\lim} A_n = \underline{\lim} A_n$.

例 1: (i) 设 A_n 是渐张集列，则 $\lim A_n = \bigcup\limits_{n=1}^{\infty} A_n$;

(ii) 设 A_n 是渐缩集列，则 $\lim A_n = \bigcap\limits_{n=1}^{\infty} A_n$.

证: (i) 由 $A_1 \subset A_2 \subset A_3 \subset \cdots$ ，有

$$\bigcup_{n=1}^{\infty} A_n = \bigcup_{n=2}^{\infty} A_n = \cdots = \bigcup_{n=k}^{\infty} A_n = \cdots$$
$$\bigcap_{n=k}^{\infty} A_n = A_k$$

从而

$$\overline{\lim} A_n = (\bigcup_{n=1}^{\infty} A_n) \cap (\bigcup_{n=2}^{\infty} A_n) \cap \cdots = \bigcup_{n=1}^{\infty} A_n$$

$$\underline{\lim} A_n = \bigcup_{k=1}^{\infty} \bigcap_{n=k}^{\infty} A_n = \bigcup_{k=1}^{\infty} A_k$$

这样

$$\overline{\lim} A_n = \underline{\lim} A_n = \bigcup_{k=1}^{\infty} A_k = \lim A_n$$

同理可证明 (ii).

注：当 A_n 可测时，$\overline{\lim} A_n$，$\underline{\lim} A_n$ 均可测，且若 A_n 是 (a,b) 中渐张列或渐缩列，且可测，则 $\lim A_n$ 可测，且 $m(\lim A_n) = \lim mA_n$.

例 2: 设 $f(x), f_n(x)\,(n \in \mathbf{N})$ 是定义在可测集 E 上的有限可测函数，对 $\varepsilon > 0$, 令

$$E_n = E_n(\varepsilon) = E(|f_n - f| \geq \varepsilon)$$

则

(i) $\forall\, x_0 \in \overline{\lim\limits_{n}} E_n$，$\lim f_n(x_0) \neq f(x_0)$;

(ii) 若 ε_k 是趋于 0 的正数列，则 $\bigcup\limits_{k=1}^{\infty} (\overline{\lim\limits_{n}} E_n(\varepsilon_k)) = E(\lim f_n \neq f)$.

证: (i) $\forall\, x_0 \in \overline{\lim} E_n$, x_0 含于无穷多个 E_n 之中，即有自然数子列 $\{n_k\}$ 使 $x_0 \in E_{n_k}$, $k \in \mathbf{N}$，因此

$$|f_{n_k}(x_0) - f(x_0)| \geq \varepsilon,\ k \in \mathbf{N}$$

这说明 $\lim f_n(x_0) \neq f(x_0)$.

(ii) 由 (i) $\bigcup\limits_{k=1}^{\infty} (\overline{\lim} E_n(\varepsilon_k)) \subset E(\lim f_n \neq f)$ 是显然的，另一方面，$\forall\, x_0 \in E(\lim f_n \neq f)$, $\lim f_n(x_0) \neq f(x_0)$，存在 $\varepsilon_0 > 0$，及一子列 f_{n_k}，使得

$$|f_{n_k}(x_0) - f(x_0)| \geq \varepsilon_0,\ k \in \mathbf{N}$$

因 $\varepsilon_k \to 0$, 取 k_0, 使 $\varepsilon_{k_0} < \varepsilon_0$, 所以

$$|f_{n_k}(x_0) - f(x_0)| \geq \varepsilon_0 > \varepsilon_{k_0},\ k \in \mathbf{N}$$

所以 $x_0 \in \overline{\lim} E_n(\varepsilon_{k_0}) \subset \bigcup\limits_{k=1}^{\infty} (\overline{\lim} E_n(\varepsilon_k))$, 这就证明了 (ii).

现在我们叙述并证明重要的 Egoroff 定理.

定理 2.2 设 (i) E 是具有有限测度的可测集 $(mE<\infty)$,

(ii) $f_n(x)(n\in \mathbf{N})$ 与 $f(x)$ 是 E 上几乎处处有限的可测函数;

(iii) 在 E 上, $f_n(x)\xrightarrow{\text{a.e.}} f(x)(n\to\infty)$,

那么, 对任意 $\delta>0$, 存在可测集 $E_\delta\subset E$, 使序列 $\{f_n(x)\}$ 在 E_δ 上一致收敛于 $f(x)$ 而 $m(E-E_\delta)<\delta$.

证: 首先令 $E^*=E(|f|=\infty)\bigcup\bigcup\limits_{n=1}^{\infty}E(|f_n|=\infty)$, 则 E^* 是零测度集, 所以 $f_n(x), f(x)$ 在 $E-E^*$ 上有限, 而 $mE=m(E-E^*)$, 所以不妨设 $f_n(x), f(x)$ 在 E 上处处有限.

设 $\varepsilon>0$, 令 $E_n=E_n(\varepsilon)=E(|f_n-f|\geq\varepsilon)$, 由例 2, 我们有

$$\overline{\lim} E_n=\bigcap_{k=1}^{\infty}\bigcup_{n=k}^{\infty}E_n\subset E(\lim f_n\neq f)$$

所以

$$m(\lim E_n)=0$$

又因为 $\{\bigcup\limits_{n=k}^{\infty}E_n\}$ 为渐缩列, $m(\bigcup\limits_{n=1}^{\infty}E_n)\leq mE<\infty$ 所以由第二章定理 2.7 的 (ii), 有

$$\lim_{k\to\infty}m(\bigcup_{n=k}^{\infty}E_n)=m(\bigcap_{k=1}^{\infty}\bigcup_{n=k}^{\infty}E_n)=m(\overline{\lim} E_n)=0$$

令 $R_k(\varepsilon)=\bigcup\limits_{n=k}^{\infty}E_n(\varepsilon)$, 即 $\lim\limits_{k\to\infty}mR_k(\varepsilon)=0$ 再由数列极限的定义, 取 $\varepsilon=\frac{1}{2^r}$, $\forall\delta>0$, 存在自然数 k_r, 使得

$$m\big(R_{k_r}(\frac{1}{2^r})\big)<\frac{\delta}{2^r}$$

不妨设 $k_1<k_2<k_3\cdots<\cdots$, 从而

$$m(\bigcup_{r=1}^{\infty}R_{k_r}(\frac{1}{2^r}))\leq\sum_{r=1}^{\infty}mR_{k_r}(\frac{1}{2^r})<\sum_{r=1}^{\infty}\frac{\delta}{2^r}=\delta,$$

取

$$E_{\delta}=E-\Big(\bigcup_{r=1}^{\infty}R_{k_r}(\frac{1}{2^r})\Big)=\bigcap_{r=1}^{\infty}\bigcap_{n=k_r}^{\infty}E(|f_n-f|<\frac{1}{2^r})$$

显然

$$m(E-E_{\delta})=m\Big(\bigcup_{r=1}^{\infty}R_{k_r}(\frac{1}{2^r})\Big)<\delta$$

而 $\forall x\in E_{\delta}, x\notin\bigcup\limits_{r=1}^{\infty}R_{k_r}(\frac{1}{2^r})$, 即 $\forall r, x\notin R_{k_r}(\frac{1}{2^r})$, 即当 $n\geq k_r$ 时, $x\notin E(|f_n-f|)\geq\frac{1}{2^r})$, 即对任意的 $r=1,2,\ldots$,

$$|f_n(x)-f(x)|<\frac{1}{2^r},\ n\geq k_r,\ x\in E_{\delta}$$

这表明在 E_{δ} 上, f_n 一致收敛于 $f(x)$.

注: 定理中条件 $mE<\infty$ 是不可少的, 例如考虑 $E=\mathbf{R}$ 上的函数列

$$f_n(x)=\chi_{(n-1,n]}(x), n\in\mathbf{N},$$

每个 f_n 是 $\mathbf{R}$ 上可测函数, 且易见 $f_n(x)\to 0$, a.e., 但是, 对任 $0<\delta<1$, 不存在可测集 E_{δ}, 使 $\{f_n(x)\}$ 在 E_{δ} 上一致收敛于 0, 且 $m(E-E_{\delta})<\delta$. 事实上, 如 $m(E-E_{\delta})<\delta<1$, 则对任区间 $(n-1,n], n\in\mathbf{N}, (n-1,n]$ 中必含有 E_{δ} 中的点. (否则, $(n-1,n]$ 中无 E_{δ} 中的点, 则 $E-E_{\delta}\supset(n-1,n]$, 从而 $m(E-E_{\delta})\geq m((n-1,n])=1$, 矛盾). 设 $x(n)\in E_{\delta}\cap(n-1,n]\subset E_{\delta}$, 则

$$f_n(x(n))=\chi_{(n-1,n]}(x(n))=1,\quad n\in\mathbf{N},$$

故 $\lim\limits_{n\to\infty}f_n(x(n))=1$, 所以 $\{f_n(x)\}$ 在 E_{δ} 上非一致收敛于 0.

定义 2.2 设 $f, f_n(n\in\mathbf{N})$ 是可测集 E 上几乎处处有限的可测函数, 如果对任意的 $\delta>0$, 都存在 E 的可测子集 E_{δ}, 使 $m(E-E_{\delta})<\delta$, 而在 E_{δ} 上, $f_n(x)$ 一致收敛于 $f(x)$, 则称序列 $f_n(x)$ 在 E 上近一致收敛于 $f(x)$.

Egoroff 定理的逆定理也成立，即

定理 2.3 设可测集 E 上可测函数列 $\{f_n(x)\}$ 近一致收敛于 $f(x)$, 则 $f_n(x)$ 几乎处处收敛于 $f(x)$.

证: 据定理条件, 对于每个 $k \in \mathbf{N}$, 有可测集 $E_k \subset E$, 使 $m(E-E_k) < 1/k$, 而 $\{f_n(x)\}$ 在 E_k 上一致收敛于 $f(x)$ ，令 $E^* = \bigcup\limits_{k=1}^{\infty} E_k$ ，则 $f_n(x)$ 在 E^* 上处处收敛于 $f(x)$ 。其实，当 $x \in E^*$ 时，x 属于某个 E_k ，既然 $f_n(t)$ 在 E_k 上一致收敛于 $f(t)$ ，自然在 $t = x$ 处收敛于 $f(x)$ ，同时，我们断定，$m(E - E^*) = 0$ ，这是因为，对每个自然数 k ，

$$
\begin{aligned}
m(E - E^*) &= m(\bigcap_{k=1}^{\infty}(E - E_k)) \\
&\leq m(E - E_k) < \frac{1}{k} \to 0(k \to \infty)
\end{aligned}
$$

因而 $m(E - E^*) = 0$ 。

定理 2.2 与 2.3 表明，当 $mE < \infty$ ，序列的几乎处处收敛实质上与近一致收敛等价，但两者与一致收敛却有质的差别，参看下例

例 3: 试考察函数列 $f_n(x) = x^n (0 \leq x \leq 1), n \in \mathbf{N}$, 它处处收敛于函数

$$
f(x) = \begin{cases} 0, & 0 \leq x < 1 \\ 1, & x = 1 \end{cases}
$$

由于极限函数 $f(x)$ 在 $[0, 1]$ 上不连续，所以 $f_n(x)$ 在 $[0, 1]$ 上不一致收敛于 $f(x)$ ，然而无论 $\delta > 0$ 如何小，在区间 $[0, 1 - \delta]$ 上，恒有 $f_n(x)$ 一致趋于零，这是因为，在 $[0, 1 - \delta]$ 上

$$
|f_n(x) - f(x)| = x^n \leq (1 - \delta)^n \to 0(n \to \infty).
$$

下面再引进一种较几乎处处收敛为弱的收敛概念.

定义 2.3 设 $f_n(x)$ 是可测集 E 上的可测函数列，$f(x)$ 是 E 上可测函数，如果对每个 $\varepsilon > 0$，有

$$\lim_{n\to\infty} mE(|f_n - f| \geq \varepsilon) = 0,$$

则称 f_n 测度收敛于 f，记为 $f_n \xrightarrow{m} f$, 即对每个 $\varepsilon > 0$，及每个 $\delta > 0$，存在自然数 $\mathbf{N}$，当 $n \geq \mathbf{N}$ 有

$$mE(|f_n - f| \geq \varepsilon) < \delta.$$

定理 2.4 设 $mE < \infty$，且 $f_n \to f$, a.e., 则 f_n 测度收敛于 f.

证：由 Egoroff 定理，f_n 近一致收敛于 f，对任意 $\delta > 0$，存在可测集 E_δ，使 $m(E - E_\delta) < \delta$，而在 E_δ 上有 f_n 一致收敛于 f, 即 $\forall \varepsilon > 0$，存在自然数 $\mathbf{N}$, 当 $n \geq \mathbf{N}$ 时

$$|f_n(x) - f(x)| < \varepsilon, \ \forall x \in E_\delta$$

$$E(|f_n - f| \geq \varepsilon) \subset E - E_\delta, \ n \geq \mathbf{N}$$

因此

$$mE(|f_n - f| \geq \varepsilon) \leq m(E - E_\delta) < \delta, n \geq \mathbf{N}$$

即 f_n 测度收敛于 f.

注：$f_n \xrightarrow{m} f$ 推不出 $f_n \xrightarrow{\text{a.e.}} f$, 这可从下例看出.

例 4 设基本集为 $E = [0, 1)$，令

$$I_{(r)}^{(n)} = [\frac{r}{2^n}, \frac{r+1}{2^n}), r = 0, 1, \cdots, 2^n - 1, n = 0, 1, 2, \cdots,$$

$\chi_{(r)}^{(n)}$ 为 $I_{(r)}^{(n)}$ 的特征函数，将这些特征函数依次排列为

$$\chi_{(0)}^{(0)}, \chi_{(0)}^{(1)}, \chi_{(1)}^{(1)}, \cdots, \chi_{(0)}^{(n)}, \chi_{(1)}^{(n)}, \cdots, \chi_{(2^n-1)}^{(n)} \cdots$$

那么，此函数列测度收敛于 0 ，但处处不收敛于 0 ，其实，易见

$$mE(\chi_{(r)}^{(n)} > 0) = 2^{-n}, r = 1, 2, \cdots, 2^n - 1,$$

它当 $n \to \infty$ 时趋于 0 ，故所述序列测度收敛于 0 ，但对任意的 $x_0 \in [0, 1)$ ，恒有无穷个形如 $I_{(r)}^{(n)}$ 的区间，每个都含有 x_0 ，从而序列 $\{\chi_{(r)}^{(n)}(x_0)\}$ 中有子列 $\{1, 1, \cdots, 1, \cdots\}$, 显然不收敛于 0.

定理 2.5 (Riesz) 设 $mE < \infty$, 则可测函数列 $f_n(x)$ 在 E 上测度收敛于 $f(x)$ 的充要条件是：对序列 $\{f_n(x)\}$ 的任何子列 $\{f_{n_k}(x)\}$ ，都存在子列 $\{f_{n_{k_v}}(x)\}$ ，几乎处处收敛于 $f(x)$.

证：必要性，设 $f_n(x)$ 测度收敛于 $f(x)$ ，则它的任何子列也测度收敛于 $f(x)$ ，因此只须证明序列 $\{f_n(x)\}$ 本身有几乎处处收敛的子列即可，对任意的 $\varepsilon > 0$ ，据假设

$$\lim_{n\to\infty} mE(|f_n - f| \geq \varepsilon) = 0$$

从而对每个 $k \in N$ ，存在自然数 n_k, 使

$$mE(|f_{n_k} - f| \geq 1/2^k) < 1/2^k.$$

并且可以假定 $n_1 < n_2 < n_3 \ldots$,

令 $E_k = E(|f_{n_k} - f| \geq 1/2^k), R_n = \bigcup\limits_{k=n}^{\infty} E_k$ ，则

$$mR_n < \sum_{k=n}^{\infty} 1/2^k = \frac{1}{2^{n-1}}$$

因此

$$m(\overline{\lim} E_n) = \lim_{n\to\infty} mR_n = 0$$

但在 $E-\overline{\lim}\,E_n$ 上，我们有 $f_{n_k}(x)$ 处处收敛于 $f(x)$ 。其实， $x\in E-\overline{\lim}\,E_n$ 表明存在某个 k_0 使 $x\notin R_{k_0}$ ，因而当 $k\geq k_0$ 时，

$$x\notin E(|f_{n_k}-f|\geq 1/2^k).$$

即当 $k\geq k_0$ 时，

$$|f_{n_k}(x)-f(x)|<1/2^k.$$

这就证明了 $f_{n_k}(x)$ 在 $E-\overline{\lim}\,E_n$ 上收敛于 $f(x)$.

充分性：假定条件成立，而 f_n 不测度收敛于 f, 那么存在某个 $\varepsilon_0>0$ ，使 $mE(|f_n-f|\geq\varepsilon_0)$ 不收敛于 $0(n\to\infty)$ ，因此存在子列 $\{n_k\}, k\in\mathbf{N}$ ，使极限

$$\lim_{k\to\infty} mE(|f_{n_k}-f|\geq\varepsilon_0)=d>0$$

由条件 f_{n_k} 存在子列 $f_{n_{k_v}}\xrightarrow{\text{a.e}}f$, 所以 $f_{n_{k_v}}\xrightarrow{m}f$

即
$$\lim_{v\to\infty} mE(|f_{n_{k_v}}-f|\geq\varepsilon_0)=0$$

这与上式矛盾.

定理 2.6 设 E 是可测集， $f_n\xrightarrow{m}f, g_n\xrightarrow{m}g$, 则有

(i) $af_n\pm bg_n\xrightarrow{m}af\pm bg$

(ii) $|f_n|\xrightarrow{m}|f|$

(iii) $\sup(f_n,g_n)\xrightarrow{m}\sup(f,g),\quad \inf(f_n,g_n)\xrightarrow{m}\inf(f,g)$

证 (i) 对任意的 $\varepsilon>0$ ，我们有

$$E(|af_n+bg_n-(af+bg)|\geq\varepsilon)\subseteq E(|a||f_n-f|\geq\varepsilon/2)\cup E(|b||g_n-g|\geq\varepsilon/2)$$

不妨设 $ab\neq 0$ ，则

$$mE(|af_n+bg_n-af-bg|\geq\varepsilon)\leq mE(|f_n-f|\geq\frac{\varepsilon}{2|a|})+mE(|g_n-g|\geq\frac{\varepsilon}{2|b|})$$

由于 f_n, g_n 分别测度收敛于 f, g，所以右边两项当 $n\to\infty$ 时均趋于 0， (i) 得证.

(ii) 由关系式

$$E(||f_n|-|f||\geq\varepsilon)\subseteq E(|f_n-f|\geq\varepsilon)$$

得到。

(iii) 应用公式

$$\sup(f,g)=\frac{1}{2}(f+g+|f-g|)$$
$$\inf(f,g)=\frac{1}{2}(f+g-|f-g|)$$

再由 (i),(ii) 得到 (iii).

定理 2.7 设在可测集 E 上， $f_n\stackrel{m}{\longrightarrow}f$ 又 $f_n\stackrel{m}{\longrightarrow}g$，则 $f\sim g$。

证: $\forall\varepsilon>0$，因为

$$E(|f-g|\geq\varepsilon)\subseteq E(|f_n-f|\geq\varepsilon/2)\cup E(|f_n-g|\geq\varepsilon/2)$$

所以

$$mE(|f-g|\geq\varepsilon)\leq mE(|f_n-f|\geq\varepsilon/2)+mE(|f_n-g|\geq\varepsilon/2)\to 0,\ (n\to\infty)$$

所以， $\forall\varepsilon>0, mE(|f-g|\geq\varepsilon)=0.$

但

$$E(f\neq g)=\bigcup_{n=1}^{\infty}E(|f-g|\geq\frac{1}{n})$$

所以

$$mE(f\neq g)\leq\sum_{n=1}^{\infty}mE(|f-g|\geq\frac{1}{n})=0$$

所以 $f\sim g$. 此定理也可利用 Riesz 定理来证明，请读者自己尝试.

3.3 可测函数的构造

本节讨论可测函数与连续函数之间的关系.

引理 3.1 (i) 设 E_1 ， E_2 是 $\mathbf{R}$ 上互不相交的两个点集, 且距离 $\rho(E_1, E_2) > 0$ ，若 f_1 是 E_1 上的连续函数， f_2 是 E_2 上的连续函数，则函数

$$f(x) = \begin{cases} f_1(x), & x \in E_1 \\ f_2(x), & x \in E_2 \end{cases}$$

是集 $E = E_1 \cup E_2$ 上的连续函数.

(ii) 设 $\{E_k\}$ 是直线 $\mathbf{R}$ 上一列互不相交的点集， $\forall x_k \in E_k, x_{k+1} \in E_{k+1}$ ，有 $x_k < x_{k+1}$, 且 $\rho(E_k, E_{k+1}) > 0$ ， $k = 1, 2, \cdots$ ，若 f_k 是 E_k 上的连续函数, 则函数

$$f(x) = f_k(x) \ \ \forall x \in E_k, k = 1, 2, \cdots$$

是集 $E = \bigcup\limits_{k=1}^{\infty} E_k$ 上的连续函数.

证: 只证 (ii) ，任取 $x_k \in E_k, k = 1, 2, \cdots$, 则由假设条件，从

$$x_{k+p} - x_k = (x_{k+p} - x_{k+p-1}) + \cdots + (x_{k+1} - x_k)$$

推出

$$\rho(E_{k+p}, E_k) \geq \sum_{j=1}^{p} \rho(E_{k+j}, E_{k+j-1})$$

考察任意一点 $x_0 \in E$ ，设 $x_0 \in E_{k_0}$ 因 f_{k_0} 是 E_{k_0} 上的连续函数, 故 $\forall \varepsilon > 0$ 存在正数

$$\delta = \delta(\varepsilon, x_0) < \min\{\rho(E_{k_0+1}, E_{k_0}),\ \rho(E_{k_0}, E_{k_0-1})\}$$

使得当 $x \in E_{k_0}$ 且 $|x - x_0| < \delta$ 时，有

$$|f_{k_0}(x) - f_{k_0}(x_0)| < \varepsilon$$

由于当 $x \in E$ ，且 $|x - x_0| < \delta$ 时，必有 $x \in E_{k_0}$ ，从而

$$|f(x) - f(x_0)| = |f_{k_0}(x) - f_{k_0}(x_0)| < \varepsilon$$

这表明 f 在 E 上每一点都连续，因而是 E 上的连续函数.

同理可证 (i) 也成立.

定理 3.1(Lusin) 设 E 是可测集， $f(x)$ 是 E 上几乎处处有限的可测函数，则对任意的 $\varepsilon > 0$ ，存在闭集 $F \subset E$ ， $m(E - F) < \varepsilon$ ，且 $f(x)$ 限制在 F 上是连续的.

证：先对 E 是有界可测集来证明. 先设 $f(x)$ 为 E 上的简单函数

$$f(x) = \sum_{k=1}^{n} c_k \chi_{e_k}(x)$$

其中 e_k 等互不相交，且 $E = \bigcup\limits_{k=1}^{n} e_k$, c_k 为常数，那么对任意 $\varepsilon > 0$ ，与每个 $k = 1, 2, \cdots, n$ ，存在闭集 $A_k \subset e_k$ 使

$$m(e_k - A_k) < \varepsilon/n, \quad k = 1, 2, \cdots, n$$

令 $A = \bigcup\limits_{k=1}^{n} A_k$ ，则 A 为闭集，且

$$m(E - A) = \sum_{k=1}^{n} m(e_k - A_k) < \varepsilon$$

显然， $f(x)$ 限制在 A 上是连续的.

对一般的可测函数 $f(x)$ ，因为有分解 $f(x) = f_+(x) - f_-(x)$ 。所以对非负函数证明即可，于是设 $f(x) \geq 0$ ，据定理 1.5 ，存在简单函数列数 $f_n(x)$ 使

$$f(x) = \lim_{n \to \infty} f_n(x), \quad x \in E$$

任取 $\varepsilon>0$ ，对每个 $f_n(x)$ 应用前面已证结果，知存在闭集 $F_n\subset E$ ，且

$$m(E-F_n)<\frac{\varepsilon}{2^{n+1}}$$

而 $f_n(x)$ 限制在 F_n 上是连续的，令 $F_0=\bigcap\limits_{n=1}^{\infty}F_n$, 则 F_0 为闭集，且

$$\begin{aligned} m(E-F_0) &= m(\bigcup_{n=1}^{\infty}(E-F_n))\leq\sum_{n=1}^{\infty}m(E-F_n) \\ &< \sum_{n=1}^{\infty}\varepsilon/2^{n+1}=\frac{\varepsilon}{2}. \end{aligned}$$

另一方面，既然 f_n 在 F_0 上处处收敛于 f ，由 Egoroff 定理，存在闭集 $F\subset F_0$, 使 $m(F_0-F)<\varepsilon/2$ ，而在 F 上 $f_n(x)$ 一致收敛于 $f(x)$ ，所以 f 限制在 F 上是连续的，同时由于

$$E-F=(E-F_0)\cup(F_0-F)$$

所以

$$m(E-F)\leq m(E-F_0)+m(F_0-F)<\varepsilon.$$

最后，假设 E 是无界集，对每个 $k\in Z$ ，令 $E_k=E\cap(k,k+1)$ 则 E_k 为有界可测集，应用上述证明的结果，存在闭集 $F_k\subset E_k$, 使得

$$m(E_k-F_k)\leq\frac{\varepsilon}{2^{|k|+2}},$$

而 $f(x)$ 限制在 F_k 上是连续的，令 $F=\bigcup\limits_{k\in Z}F_k$, 则 F 是闭， $m(E-F)<\varepsilon$, 由引理 3.1,f 限制在 F 上是连续的.

Lusin 定理的逆定理也成立，即

定理 3.2 设 E 是可测集， f 是 E 上的实函数，若对任意的 $\varepsilon>0$, 存在闭集 $F\subset E$, 使 $m(E-F)<\varepsilon$, 且 f 在 F 上连续，则 f 是 E 上的可测函数.

证：对每个 n，由条件，存在闭集 $F_n \subset E$，使 $m(E-F_n)<\frac{1}{n}$，且 f 在 F_n 上连续，因为 f 是 F_n 上的可测函数，令 $F=\bigcup\limits_{k=1}^{\infty} F_k$，则不难验证 f 是 F 上的可测函数，由于

$$\begin{aligned} m(E-F) &= m(E\cap(\bigcap_{k=1}^{\infty}\mathscr{C}F_k)) = m(\bigcap_{k=1}^{\infty}(E-F_k)) \\ &\leq m(E-F_k) \leq \frac{1}{k} \end{aligned}$$

令 $k\to\infty$，则 $m(E-F)=0$，所以 f 在 E 上可测.

Lusin 定理及逆定理给出了可测函数的一个充要条件，所以也可以作为可测函数的定义.

在 Lusin 定理中，函数限制在闭集上连续有时应用起来不方便，为此我们给出 Lusin 定理的另一形式，先证明下列引理.

引理 3.2 设 F 是直线上的闭集，f 是 F 上的连续函数，则 f 可延拓为直线 $\mathbf{R}$ 上的连续函数.

证：令 $G=\mathscr{C}F$, 则 G 为开集，且 $G=\bigcup\limits_{k=1}^{\infty}(\alpha_k,\beta_k)$，在 G 上，补充定义

$$f(x)=f(\alpha_k)\frac{\beta_k-x}{\beta_k-\alpha_k}+f(\beta_k)\frac{x-\alpha_k}{\beta_k-\alpha_k}$$

如果 G 中有无穷构成区间 $(-\infty,\beta_k)$, 则可定义 $f(x)=f(\beta_k)$；如果 G 有无穷构成区间 $(\alpha_k,+\infty)$, 则定义 $f(x)=f(\alpha_k)$，显然如此定义的 $\mathbf{R}$ 上的函数 f 在开集 G 的每一点都连续.

下面证明在 F 的每一点，函数 f 右连续，任取 $x_0\in F$，若 x_0 是 G 的构成区间的左端点，则 f 在 x_0 右连续是显然的，若 $x_0\in F$，且不是 G 的构成区间的左端点，则存在 F 中点列 $\{x_k\}$ 收敛于 x_0 且每个 $x_k>x_0$，由于 f 限制在

F 上是连续的，所以 $\forall \varepsilon > 0$，存在 $\delta > 0$，使得当 $x \in F$ 且 $|x - x_0| < \delta$ 时，有

$$|f(x) - f(x_0)| < \frac{\varepsilon}{2}$$

设 k_0 充分大使得 $x_{k_0} - x_0 < \delta$，记 $\delta' = x_{k_0} - x_0$，则当 $0 \leq x - x_0 < \delta'$ 时，由上式推出

$$f(x) - f(x_0) \leq \sup_{x \in [x_0, x_{k_0}]} f(x) - f(x_0) = \sup_{x \in F \cap [x_0, x_{k_0}]} f(x) - f(x_0) \leq \frac{\varepsilon}{2}$$

$$f(x) - f(x_0) \geq \inf_{x \in [x_0, x_{k_0}]} f(x) - f(x_0) = \inf_{x \in F \cap [x_0, x_{k_0}]} f(x) - f(x_0) \geq -\frac{\varepsilon}{2}$$

从而当 $0 \leq x - x_0 < \delta'$ 时，

$$|f(x) - f(x_0)| < \varepsilon.$$

这就证明 f 在 x_0 右连续，同理可证 f 在 F 的每一点左连续，因此 f 在 $\mathbf{R}$ 上连续.

定理 3.3 设 E 是可测集， f 是 E 的几乎处处有限的可测函数，则对任意 $\varepsilon > 0$，存在直线 $\mathbf{R}$ 上的连续函数 g，使得

$$mE(f \neq g) < \varepsilon.$$

证：由 Lusin 定理，知存在闭集 $F \subset E$，使得 $m(E - F) < \varepsilon$，且 f 在 F 上的限制是连续函数，以 g 表示 F 上的连续函数 f 在 $\mathbf{R}$ 上的连续延拓，则

$$E(f \neq g) \subset E - F.$$

所以

$$mE(f \neq g) \leq m(E - F) < \varepsilon.$$

推论 在定理 3.3 的条件下，若在 E 上满足 $|f| \overset{\text{a.e}}{\leq} M$，$M$ 是常数，则 $\forall \varepsilon > 0$，

存在 $\mathbf{R}$ 上连续函数 g, $|g| \le M$, 使得

$$mE(f \neq g) < \varepsilon.$$

习题三

1. 设 $f(x)$, $g(x)$ 为 E 上可测函数，试证 $E(f > g)$ 是可测集.

2. 证明 $f(x)$ 是 E 上可测函数的充要条件是：对任一有理数 r，集 $E(f > r)$ 恒可测.

3. 设 $f(x)$ 是 E 上可测函数，G, F 分别为 $\mathbf{R}$ 中的开集与闭集，试证 $E(f \in G)$, $E(f \in F)$ 是可测集

4. (i) 证明 $S - \overline{\lim} A_n = \underline{\lim}(S - A_n)$； (ii) 设 A_n 是下述点集，当 n 为奇数时， $A_n = (0, 1 - \frac{1}{n})$； n 为偶数时， $A_n = (\frac{1}{n}, 1)$，证明 $\{A_n\}$， $n \in \mathbf{N}$ 有极限集，并求之.

5. 用 $\chi_E(x)$ 表示集 E 的特征函数，试证对于任一集列 $\{E_n\}$，有

$$\chi_{\overline{\lim} E_n}(x) = \overline{\lim}\, \chi_{E_n}(x), \quad \chi_{\underline{\lim} E_n}(x) = \underline{\lim}\, \chi_{E_n}(x).$$

6. 设 $f(x)$, $f_n(x)(n \in \mathbf{N})$ 是定义在区间 $E = [a, b]$ 上的实函数， r 为自然数，令 $E_n(r) = E(|f_n - f| < 1/r)$，试证集 $\bigcap\limits_{r=1}^{\infty} \underline{\lim}\, E(|f_n - f| < \frac{1}{r})$ 是 E 中使 $f_n(x)$ 收敛于 $f(x)$ (当 $n \to \infty$) 的点集.

7. 设 $\{f_n(x)\}$ 是 E 上可测函数列，试证它的收敛点集与发散点集都是可测的.

8. 设 E 是 $[0, 1]$ 中的一个不可测集，令

$$f(x) = \begin{cases} x, & x \in E \\ -x, & x \notin E \end{cases}$$

问 $f(x)$ 在 $[0,1]$ 上是否可测？ $|f(x)|$ 是否可测？

9. 设 $f(x)$ 是 $(-\infty,\infty)$ 上的连续函数， $g(x)$ 是 $a\le x\le b$ 上的可测函数，则 $f(g(x))$ 是可测函数.

10. 设 $f(x)$ 是 E 上可测函数， $\varphi(y)$ 是 $f(E)$ 上的单调增函数，则 $\varphi(f(x))$ 在 E 上可测.

11. 设 $f_n \xrightarrow{m} f$，且在 E 中，$f_n \overset{\text{a.e}}{\le} g$，$n\in\mathbf{N}$，试证在 E 上，$f(x) \overset{\text{a.e}}{\le} g(x)$.

12. 设在 E 上 $f_n \xrightarrow{m} f$, 且 $f_n(x) \overset{\text{a.e}}{\le} f_{n+1}(x)$， $n\in\mathbf{N}$, 则 $f_n \xrightarrow{\text{a.e}} f$.

13. 设在 E 上 $f_n \xrightarrow{m} f$, 且 $f_n \sim g_n$， $n\in\mathbf{N}$，试证 $g_n \xrightarrow{m} f$.

14. 设 $mE<\infty$，在 E 上几乎处处有限的可测函数列 $f_n(x)$ 与 $g_n(x)$ 分别测度收敛于 $f(x)$ 与 $g(x)$，试证 $f_n(x)g_n(x) \xrightarrow{m} fg$.

15. 试作 $E=[0,1]$ 上的可测函数 $f(x)$，使对任何连续函数 $g(x)$，有 $mE(f\neq g)\neq 0$, 此结果与 Lusin 定理有无矛盾.

16. 证明：可测集上的连续函数必可测.

17. 若 $f(x)$ 在 $[a,b]$ 上的导数 $f^{'}(x)$ 存在，证明 $f^{'}(x)$ 是可测函数.

18. 证明：函数 $f(x)$ 在 $[a,b]$ 上可测的充要条件是：存在 $[a,b]$ 上的多项式列 $\{p_n(x)\}$ 几乎处处收敛于 $f(x)$.

19. 证明：函数 $f(x)$ 在集 E 上可测的充要条件是：存在集 E 上的连续函数列 $\{f_n(x)\}$，使 $\lim\limits_{n\to\infty} f_n(x)=f(x)$, a.e..

第四章　Lebesgue 积分

4.1　Lebesgue 积分的引入

Lebesgue 积分是在 Lebesgue 测度理论的基础上建立起来的，这一理论可以统一处理函数有界与无界的情形，而且函数也可以定义在更一般的点集 (不一定是闭区间 $[a,b]$) 上，特别是，它提供了比 Lebesgue 积分更加广泛而有用的收敛定理.

定义 1.1 设有界可测集 E 上的简单函数 φ 有表达式

$$\varphi(x)=\sum_{k=1}^{n} y_k\chi_{e_k}(x)$$

其中 $e_k=E(\varphi=y_k)$ 等为互不相交的可测集，称和 $\sum\limits_{k=1}^{n} y_k me_k$ 为简单函数 $\varphi(x)$ 在 E 上的 Lebesgue 积分，记为

$$\int_E \varphi(x)dm=\sum_{k=1}^{n} y_k me_k$$

这里积分下的 dm, 我们不采用 dx, 以示积分运算依赖于所考虑的测度 m.

容易证明，简单函数的 Lebesgue 积分具有下列基本性质，以引理的形式给出.

引理 1.1 (i) 如果简单函数 $\varphi(x)$ 的正部与负部为 $\varphi_+(x)$ 与 $\varphi_-(x)$, 则有

$$\int_E \varphi(x)dm=\int_E \varphi_+(x)dm-\int_E \varphi_-(x)dm$$

(ii) 如果 φ_1,φ_2 是 E 上的简单函数， a_1,a_2 是常数，则有

$$\int_E (a_1\varphi_1(x)+a_2\varphi_2(x))dm=a_1\int_E \varphi_1(x)dm+a_2\int_E \varphi_2(x)dm$$

证：(i) 设 $\varphi(x)=\sum\limits_{k=1}^{n} y_k\chi_{e_k}(x)$，不妨设

$$y_1<y_2<\cdots<y_{k_0}<0<y_{k_0+1}<\cdots<y_n$$

所以

$$\begin{aligned}&\int_E\varphi_+(x)dm-\int_E\varphi_-(x)dm\\=&\sum_{k=k_0+1}^{n}y_kme_k-(\sum_{k=1}^{k_0}-y_kme_k)\\=&\sum_{k=1}^{n}y_kme_k=\int_E\varphi(x)dm\end{aligned}$$

(ii) 设 $\varphi_1(x)=\sum\limits_{k=1}^{p}y_k^{(1)}\chi_{e_k^{(1)}}(x)$，$\varphi_2(x)=\sum\limits_{j=1}^{q}y_j^{(2)}\chi_{e_j^{(2)}}(x)$，

则

$$a_1\varphi_1(x)+a_2\varphi_2(x)=\sum_{k=1}^{p}\sum_{j=1}^{q}(a_1y_k^{(1)}+a_2y_j^{(2)})\cdot\chi_{e_k^{(1)}\cap e_j^{(2)}}(x)$$

所以

$$\begin{aligned}&\int_E(a_1\varphi_1(x)+a_2\varphi_2(x))dm\\=&\sum_{k=1}^{p}\sum_{j=1}^{q}(a_1y_k^{(1)}+a_2y_j^{(2)})\cdot m(e_k^{(1)}\cap e_j^{(2)})\\=&a_1\sum_{k=1}^{p}y_k^{(1)}(\sum_{j=1}^{q}m(e_k^{(1)}\cap e_j^{(2)}))+a_2\sum_{j=1}^{q}y_j^{(2)}(\sum_{k=1}^{p}m(e_k^{(1)}\cap e_j^{(2)}))\\=&a_1\sum_{k=1}^{p}y_k^{(1)}me_k^{(1)}+a_2\sum_{j=1}^{q}y_j^{(2)}me_j^{(2)}\\=&a_1\int_E\varphi_1(x)dm+a_2\int_E\varphi_2(x)dm\end{aligned}$$

引理 1.2 设 E_k 为 $\mathbf{R}$ 中渐张可测集列，$\varphi(x)$ 是 $E=\bigcup\limits_{k=1}^{\infty}E_k$ 上的简单函数，则

$$\lim_{k\to\infty}\int_{E_k}\varphi(x)dm=\int_E\varphi(x)dm$$

证：设 $\varphi(x)=\sum\limits_{j=1}^{n}y_j\chi_{e_j}(x)$, $x\in E$, 则

$$\lim_{k\to\infty}\int_{E_k}\varphi(x)dm=\lim_{k\to\infty}\sum_{j=1}^{n}y_jm(E_k\cap e_j)=\sum_{j=1}^{n}y_j\lim_{k\to\infty}m(E_k\cap e_j)$$

因为 $E_k\cap e_j$ 关于 k 是渐张的，所以上式

$$=\sum_{j=1}^{n}y_jm(\bigcup_{k=1}^{\infty}(E_k\cap e_j))=\sum_{j=1}^{n}y_jm(E\cap e_j)=\int_E\varphi(x)dm.$$

定义 1.2 设 $f(x)$ 是有界可测集 E 上的可测函数，对于 $f(x)\geq 0$ 的情形，定义 $f(x)$ 在 E 上的 Lebesgue 积分为所有满足 $0\leq\varphi(x)\leq f(x)$ 的简单函数 $\varphi(x)$ 的积分的上确界，即

$$\int_E f(x)dm=\sup_{0\leq\varphi(x)\leq f(x)}\left\{\int_E\varphi(x)dm:\varphi\text{为}E\text{上的简单函数}\right\}$$

此式右边为非负数或 ∞, 如果此量为有限，则称 $f(x)$ 在 E 上可积，否则只说 $f(x)$ 在 E 上的积分为 ∞ (这时 f 在 E 上有积分但不可积), 对于一般可测函数 $f(x)$, 当 $\int_E f_+dm$ 与 $\int_E f_-dm$ 不同时为 ∞ 时，定义 $f(x)$ 在 E 上的积分为

$$\int_E f(x)dm=\int_E f_+(x)dm-\int_E f_-(x)dm$$

当此式右边两项均有限时， $f(x)$ 的积分是有限的，我们称 f 在 E 上可积，在其余情形 $(\infty-c,c-\infty)$ 只说 $f(x)$ 在 E 上有积分，当出现 $\infty-\infty$ 时积分是没有意义的， E 上可积函数全体用 $L(E)$ 来表示.

注：当 f 是 E 上的简单函数时， $f(x)$ 的积分定义与前面简单函数的积分定义一致.

对于无界集 E 上的积分，我们采用处理无界集测度的方法，设 $f(x)$ 是定

义在整个空间 $\mathbf{R}$ 上的可测函数，若极限

$$\lim_{k\to\infty}\int_{[-k,k]}f(x)dm$$

存在且有限，则称 $f(x)$ 在 $\mathbf{R}$ 上可积，积分记为

$$\int_{\mathbf{R}}f(x)dm=\lim_{k\to\infty}\int_{[-k,k]}f(x)dm$$

如果 $f(x)$ 在 $E\subset\mathbf{R}$ 有定义，且 E 无界，那么定义 $f(x)$ 在 E 上的积分为

$$\int_E f(x)dm=\int_{\mathbf{R}}f(x)\chi_E(x)dm.$$

4.2 积分的性质

定理 2.1 设 E 是有界可测集， $f(x),g(x)$ 是在 E 上几乎处处满足 $0\le g(x)\le f(x)$, 则当 f 可积时， g 也可积且

$$\int_E g(x)dm\le\int_E f(x)dm.$$

证: 因为简单函数类 $\{\varphi:0\le\varphi\le g\}\subset\{\varphi:0\le\varphi\le f\}$, 所以

$$\begin{aligned}\int_E g(x)dm&=\sup_{0\le\varphi\le g}\int_E\varphi(x)dm\le\sup_{0\le\varphi\le f}\int_E\varphi(x)dm\\&=\int_E f(x)dm<+\infty.\end{aligned}$$

定理 2.2 设 $f(x)$ 是有界可测集 E 上的有界可测函数，则 $f\in L(E)$.

证: 假定有常数 M 使 $|f(x)|\le M(x\in E)$, 则 $f_+\le M$, $f_-\le M$, 由定理 2.1f_+,f_- 可积，从而 $f\in L(E)$.

定理 2.3 设 E 是可测集， f 在 E 上可积，则 f 几乎处处有限.

证：令 $E_1 = E(f = +\infty)$, $E_2 = E(f = -\infty)$, 用反证法，假定两集 E_1 与 E_2 中至少有一个集的测度为正数，不妨设 $mE_1 > 0$, 那么对任何 $n \in \mathbf{N}$, 有 $f_+(x) \geq n\chi_{E_1}(x)$, $x \in E$, 据积分定义可得

$$\int_E f_+(x)dm \geq nmE_1, \quad n \in \mathbf{N}$$

令 $n \to +\infty$, 因此 $\int_E f_+(x)dm = +\infty$, 这与 f 的可积假设相矛盾.

定理 2.4 设 $f(x)$ 是 E 上非负可测函数， A 是 E 中的可测子集，则

$$\int_A f(x)dm = \int_E f(x)\chi_A(x)dm$$

证：

$$\int_E f(x)\chi_A(x)dm = \int_{\mathbf{R}} f(x)\chi_A(x)\chi_E(x)dm$$

$$= \int_{\mathbf{R}} f(x)\chi_A(x)dm = \int_A f(x)dm$$

定理 2.5 设 $f(x)$ 在 E 上可积，则对任何实数 c, $cf(x)$ 也可积，且

$$\int_E cf(x)dm = c\int_E f(x)dm$$

证：$c = 0$ 是显然的，假设 $c > 0$, 这时

$$\int_E cf_+dm = \sup_{0\leq\varphi\leq cf_+}\int_E \varphi dm = c\sup_{0\leq\frac{\varphi}{c}\leq f_+}\int_E \frac{\varphi}{c}dm = c\int_E f_+dm$$

同理可证

$$\int_E cf_-dm = c\int_E f_-dm.$$

所以

$$\begin{aligned}\int_E cfdm &= \int_E (cf)_+dm - \int_E (cf)_-dm \\ &= \int_E cf_+dm - \int_E cf_-dm \\ &= c[\int_E f_+dm - \int_E f_-dm] \\ &= c\int_E fdm\end{aligned}$$

再设 $c<0$, 则由 $-f=f_- - f_+$, 据积分的定义，有

$$\begin{aligned}\int_E (-f)dm &= \int_E (-f)_+dm - \int_E (-f)_-dm \\ &= \int_E f_-dm - \int_E f_+dm = -(\int_E f_+dm - \int_E f_-dm) \\ &= -\int_E fdm\end{aligned}$$

从而

$$\begin{aligned}\int_E (cf)dm &= -\int_E (-c)fdm = -(-c)\int_E f(x)dm \\ &= c\int_E f(x)dm\end{aligned}$$

定理 2.6 设 f,g 在 E 上均可积，则 $f+g$ 也可积，且

$$\int_E (f+g)dm = \int_E fdm + \int_E gdm$$

证：先设 $f\geq 0$, $g\geq 0$, 由第三章的定理 1.5 知，存在非负递增的简单函数 f_n, g_n, 使

$$\lim_{n\to\infty} f_n(x) = f(x), \quad \lim_{n\to\infty} g_n(x) = g(x), \quad x\in E.$$

于是由后面的 Levi 定理（即第四章定理 3.1, 注意 Levi 定理的证明没有用到定

理 2.6 ）知

$$\begin{aligned}\int_E (f+g)dm &= \lim_{n\to\infty}\int_E (f_n+g_n)dm \\ &= \lim_{n\to\infty}\int_E f_n dm + \lim_{n\to\infty}\int_E g_n dm \\ &= \int_E f dm + \int_E g dm \quad (\text{允许} = +\infty)\end{aligned}$$

对于一般情形，由于

$$(f+g)_+ \leq f_+ + g_+$$

因此

$$f_+ + g_+ = (f+g)_+ + h, f_- + g_- = (f+g)_- + h$$

其中 h 是非负数可测函数，且满足

$$0 \leq h \leq f_+ + g_+$$

注意到当 f, g 可积时， f_+, g_+ 均可积，因而 h 也可积，于是根据上面的讨论，有

$$\begin{aligned}&\int_E f_+ dm + \int_E g_+ dm = \int_E (f_+ + g_+)dm \\ = &\int_E [(f+g)_+ + h]dm = \int_E (f+g)_+ dm + \int_E h dm\end{aligned}$$

同理有

$$\int_E f_- dm + \int_E g_- dm = \int_E (f+g)_- dm + \int_E h dm$$

将所得两等式相减，便得

$$\int_E f dm + \int_E g dm = \int_E (f+g) dm$$

定理 2.5 与定理 2.6 一起表明积分的线性性.

定理 2.7 设 f, g 在 E 上均可积，且 $f(x) \le g(x)$, 则

$$\int_E f dm \le \int_E g dm$$

证: 由定理 2.5 与 2.6, 知 $g(x) - f(x)$ 为非负可积函数，且

$$\int_E (g-f) dm = \int_E g dm - \int_E f dm$$

据积分定义立刻知道上式右边 ≥ 0, 故得所需不等式.

特别设 $A \le f(x) \le B$, 其中 A, B 是实数，则

$$A \cdot mE \le \int_E f(x) dm \le B \cdot mE.$$

定理 2.8 $f(x)$ 可积的充要条件是 $|f(x)|$ 可积，即 f 与 $|f|$ 的可积性相同。

证: 充分性: 当 $|f|$ 可积时， $f_+(x) \le |f(x)|, f_-(x) \le |f(x)|$, 知 f_+, f_- 均可积，所以 f 可积。

必要性: f 可积，所以 f_+, f_- 均可积，所以

$$\int_E |f| dm = \int_E (f_+ + f_-) dm = \int_E f_+ dm + \int_E f_- dm$$

所以 $|f|$ 可积.

定理 2.8 在 Riemann 积分时不成立，例如

$$f(x) = \begin{cases} 1, & x\text{为}[0,1]\text{中有理点} \\ -1, & x\text{为}[0,1]\text{中无理点} \end{cases}$$

$E = [0, 1]$, 则 f 不是 Riemann 可积的，但 $|f| = 1$ 是 Riemann 可积的.

定理 2.9(有限可加性) 设 $f(x)$ 是有界可测集 E 上的可积函数，$E = \bigcup\limits_{k=1}^{n} E_k$, E_k 等均可测且两两不相交，则有

$$\int_E f(x) dm = \int_{E_1} f(x) dm + \int_{E_2} f(x) dm + \cdots + \int_{E_n} f(x) dm$$

证：据积分的定义，不妨设 $f \geq 0$, 下面就 $n=2$ 情形证明，一般情况可用归纳法完成，设 $E=E_1\cup E_2, E_1\cap E_2=\emptyset$, E_1, E_2 均可测，由定理 2.4,

$$\begin{aligned}\int_{E_1} f(x)dm + \int_{E_2} f(x)dm &= \int_E f(x)\chi_{E_1}(x)dm + \int_E f(x)\chi_{E_2}(x)dm \\ &= \int_E f(x)(\chi_{E_1}(x)+\chi_{E_2}(x))dm = \int_E f(x)\chi_{E_1\cup E_2}(x)dm \\ &= \int_E f(x)dm\end{aligned}$$

故有限可加性成立.

定理 2.10(积分的绝对连续性) 设 $f(x)$ 在有界可测集 E 上可积，则对任给的 $\varepsilon>0$, 存在 $\delta>0$, 使得当 $me<\delta(e\subset E)$ 时，就有

$$|\int_e f(x)dm| \leq \int_e |f(x)|dm < \varepsilon.$$

证：不妨设 $f \geq 0$, 据积分定义，有简单函数 $\varphi_0(x)$, $0\leq\varphi_0\leq f$, $(x\in E)$, 使

$$\int_E \varphi_0(x)dm > \int_E f(x)dm - \frac{\varepsilon}{2}$$

假设 $|\varphi_0(x)|\leq M$, 取 $\delta=\frac{\varepsilon}{2M}$, 则当 $e\subset E$, 且 $me<\delta$ 时就有

$$\begin{aligned}\int_e f(x)dm &= \int_e f(x)dm - \int_e \varphi_0(x)dm + \int_e \varphi_0(x)dm \\ &\leq \int_E [f(x)-\varphi_0(x)]dm + \int_e \varphi_0(x)dm \\ &< \frac{\varepsilon}{2} + M\cdot me \leq \frac{\varepsilon}{2}+\frac{\varepsilon}{2} = \varepsilon.\end{aligned}$$

对一般的可积函数 $f(x)$, 可分别考虑它的正部与负部，借助于不等式

$$|\int_e fdm| \leq \int_e f_+dm + \int_e f_-dm.$$

即可证明.

定理 2.11 (σ 可加性) 设 $f(x)$ 是有界可测集 E 上的可积函数，$E=\bigcup\limits_{k=1}^{\infty}E_k$，$E_k$ 等均可测且两两不相交，则

$$\int_E fdm=\int_{E_1}fdm+\int_{E_2}fdm+\cdots+\int_{E_k}fdm+\cdots$$

证：令 $\mathbf{R}_n=E-\bigcup\limits_{k=1}^{n}E_k$，则由假设知 $m\mathbf{R}_n\to 0(n\to\infty)$，据积分的有限可加性，有

$$\int_E fdm-\{\int_{E_1}fdm+\int_{E_2}fdm+\cdots+\int_{E_n}fdm\}=\int_{\mathbf{R}_n}fdm$$

由于 $m\mathbf{R}_n\to 0,(n\to\infty)$，故据积分的绝对连续性，可得

$$\lim_{n\to\infty}\int_{\mathbf{R}_n}fdm=0$$

这就证明了积分的 σ 可加性.

定理 2.12 (唯一性定理) 设 f 在 E 上可积，则 $\int_E|f|dm=0$ 的充要条件是 $f\sim 0$。

证：充分性，设 $f\sim 0$，则据积分的有限可加性，

$$\begin{aligned}\int_E|f(x)|dm&=\int_{E(f=0)}|f(x)|dm+\int_{E(f\neq 0)}|f(x)|dm\\&=\sup_{0\le\varphi<|f|}\int_{E(f\neq 0)}\varphi(x)dm\end{aligned}$$

由于 $mE(f\neq 0)=0$，易见任意的简单函数在 $E(f\neq 0)$ 上的积分为 0，故 $\int_E|f(x)|dm=0$。

必要性，设 n 为自然数，我们有

$$\int_E|f(x)|dm\ge\int_{E(|f|\ge\frac{1}{n})}|f(x)|dm\geqslant\frac{1}{n}mE(|f|\ge\frac{1}{n})$$

从而据 $\int_E |f(x)|dm=0$, 得知 $mE(|f|\geq\frac{1}{n})=0$, 由于集 $E(f\neq 0)$ 可表示为

$$E(f\neq 0)=\bigcup_{n=1}^{\infty}E(|f|\geq\frac{1}{n})$$

故得

$$mE(f\neq 0)\leq\sum_{n=1}^{\infty}mE(|f|\geq\frac{1}{n})=0$$

这便证明了 $f\sim 0$.

推论 若可测函数 $f(x)$ 与 $g(x)$ 对等，则由 $f(x)$ 的可积性可推出 $g(x)$ 的可积性，且积分值相等.

证：

$$\int_E g(x)dm=\int_{E(f\neq g)}g(x)dm+\int_{E(f=g)}g(x)dm$$

$$=\int_{E(f\neq g)}f(x)dm+\int_{E(g=f)}f(x)dm=\int_E fdm$$

注：以上定理 $2.1-2.12$ 均可以转到无界集情形，方法是，据无界集上函数积分的定义。先用有界集上积分来逼近，然后再对有界集情形利用已证结果，由于这种方法是例行的，为避免叙述上的重复，我们都从略，下面只给出一个代表性的例子.

例：设 $f(x)$ 在 $(-\infty,\infty)$ 上可积，试证 $f(x)$ 的积分具有绝对连续性.

证：取 $\Delta_n=[-n,n]$, $n\in\mathbf{N}$, 当 f 可积时，极限 $\lim\limits_{n\to\infty}\int_{\Delta_n}|f|dm$ 存在且有限，故对任意的 $\varepsilon>0$, 存在自然数 N, 使

$$\int_{(-\infty,-N)}|f|dm<\frac{\varepsilon}{3},\quad\int_{(N,\infty)}|f|dm<\frac{\varepsilon}{3}.$$

因为 f 在 $(-\infty,\infty)$ 上可积， f 在有限区间 $[-N,N]$ 上也可积，据已证明的定

理 2.10, 存在 $\delta>0$, 使当 $e'\subset[-N,N]$, $me'<\delta$ 时有

$$\left|\int_{e'} fdm\right| < \int_{e'} |f|dm < \frac{\varepsilon}{3}$$

现设 e 是 $(-\infty,\infty)$ 中满足 $me<\delta$ 的任一集，那么，由等式

$$\int_e fdm = \int_{e\cap[-N,N]} fdm + \int_{e\cap(-\infty,-N)} fdm + \int_{e\cap(N,\infty)} fdm$$

可以看出，右边每一项的绝对值都小于 $\varepsilon/3$, 因而 $|\int_e fdm|<\varepsilon$, 命题得证.

引理 2.1 设 $f(x)$ 是可测集 E 上的可积函数，那么对任意的正数 ε, 存在 E 上的简单函数 $\varphi(x)$, 使

$$\int_E |f(x)-\varphi(x)|dm < \varepsilon$$

证: 据积分定义，对 f 的正部 f_+, 有简单函数 φ_1, $0\le\varphi_1\le f_+$, 使

$$\int_E f_+dm < \int_E \varphi_1 dm + \frac{\varepsilon}{2}$$

同样，有简单函数 $\varphi_2, 0\le\varphi_2\le f_-$, 使

$$\int_E f_-dm < \int_E \varphi_2 dm + \frac{\varepsilon}{2}$$

令 $\varphi=\varphi_1-\varphi_2$, 则 φ 是 E 上的简单函数，并且

$$\begin{aligned}\int_E |(f-\varphi)|dm &\le \int_E |(f_+-\varphi_1)|dm + \int_E |f_- - \varphi_2|dm \\ &= \int_E [f_+-\varphi_1]dm + \int_E [f_- - \varphi_2]dm < \varepsilon\end{aligned}$$

注: 由引理的证明可见，如果 f 有界，$|f(x)|\le M$, $(x\in E)$, 则引理中所取的 φ 也满足 $|\varphi(x)|\le M$, $(x\in E)$.

引理 2.2 设 E 是闭区间 $[a,b]$ 中的可测集，则对任何 $\varepsilon > 0$, 有 $[a,b]$ 上的连续函数 $g(x)$, 使

$$\int_{[a,b]} |\chi_E(x) - g(x)|dm < \varepsilon.$$

证：由于 $\chi_E(x)$ 是闭区间 $I = [a,b]$ 上的有界可测函数， $|\chi_E(x)| \leq 1$, 据 Lusin 定理的另一形式，存在 $\mathbf{R}$ 上连续函数 $g(x)$, 使 $mI(\chi_E \neq g) < \frac{\varepsilon}{2}$, 且可满足 $|g(x)| \leq 1$, 显然， g 在 $[a,b]$ 上连续，并满足引理要求：

$$\int_{[a,b]} |\chi_E(x) - g(x)|dm = \int_{I(\chi_E \neq g)} |\chi_E(x) - g(x)|dm < 2 \cdot \frac{\varepsilon}{2} = \varepsilon.$$

定理 2.13 设 $f(x)$ 是 $[a,b]$ 上的可积函数，则对任意正数 $\varepsilon > 0$, 有 $[a,b]$ 上的连续函数 $g(x)$, 使

$$\int_{[a,b]} |f(x) - g(x)|dm < \varepsilon.$$

证：由引理 2.1, 取简单函数 $\varphi(x) = \sum\limits_{k=1}^{n} c_k \chi_{E_k}(x)$, 使

$$\int_{[a,b]} |f(x) - \varphi(x)|dm < \frac{\varepsilon}{2}.$$

再据引理 2.2, 对每个 $k = 1, 2, \cdots, n$, 取 $[a,b]$ 上连续函数 $g_k(x)$, 使

$$\int_{[a,b]} |\chi_{E_k}(x) - g_k(x)|dm < \frac{\varepsilon}{2M}$$

其中

$$M = 1 + |c_1| + \cdots + |c_n|.$$

令 $g(x)=\sum\limits_{k=1}^{n}c_kg_k(x)$, 那么 g 是连续的，且

$$\begin{aligned}&\int_{[a,b]}|f(x)-g(x)|dm\\ \leq&\int_{[a,b]}|f(x)-\varphi(x)|dm+\int_{[a,b]}|\varphi(x)-g(x)|dm\\ <&\frac{\varepsilon}{2}+\sum_{k=1}^{n}|c_k|\int_{[a,b]}|\chi_{E_k}(x)-g_k(x)|dm\\ <&\frac{\varepsilon}{2}+\sum_{k=1}^{n}|c_k|\cdot\frac{\varepsilon}{2M}<\varepsilon\end{aligned}$$

定理得证.

注：从引理 2.1, 2.2 及定理的证明可以看出，当定理 2.13 中的 f 满足 $|f|\leq M<\infty$ 时，则结论中的 $g(x)$ 也可以这样选取，使 $|g(x)|\leq M$.

4.3 积分序列的极限

本文主要讨论积分与极限可交换的条件.

定理 3.1 (Levi) 设可测函数列满足下面的性质：

$$0\leq f_1(x)\leq f_2(x)\leq\cdots,\ \lim_{n\to\infty}f_n(x)=f(x)$$

则 $f_n(x)$ 的积分列收敛于 $f(x)$ 的积分：

$$\int_E f(x)dm=\lim_{n\to\infty}\int_E f_n(x)dm.$$

证：由题设知 $f(x)$ 是 E 上的非负可测函数，积分 $\int_E f(x)dm$ 有定义，因为

$$\int_E f_k(x)dm\leq\int_E f_{k+1}(x)dm\quad k\in\mathbf{N}$$

所以 $\lim\limits_{k\to\infty}\int_E f_k(x)dm$ 有定义，而且从函数列的单调增加性可知

$$\lim_{k\to\infty}\int_E f_k(x)dm\leq\int_E f(x)dm$$

现在令 c 满足 $0<c<1$, $\varphi(x)$ 是 E 上任一非负简单函数且满足 $\varphi(x)\le f(x)$, 记

$$E_k=\{x\in E:f_k(x)\ge c\varphi(x)\},k=1,2,\cdots$$

则 $\{E_k\}$ 是渐张集列，且 $\bigcup\limits_{k=1}^{\infty}E_k=E$, 根据引理 1.2 可知

$$\lim_{k\to\infty}c\int_{E_k}\varphi(x)dm=c\int_E\varphi(x)dm$$

于是从不等式

$$\int_E f_k(x)dm\ge\int_{E_k}f_k(x)dm\ge\int_{E_k}c\varphi(x)dm=c\int_{E_k}\varphi(x)dm$$

得到

$$\lim_{k\to\infty}\int_E f_k(x)dm\ge c\int_E\varphi(x)dm$$

在上式中令 $c\to1$, 有

$$\lim_{k\to\infty}\int_E f_k(x)dm\ge\int_E\varphi(x)dm$$

依 f 的积分定义即知

$$\lim_{k\to\infty}\int_E f_k(x)dm\ge\int_E f(x)dm$$

这就证明了 Levi 定理.

注：在上面的定理中，并未假设 $f(x)$ 可积.

定理 3.2 (逐项积分)　若 $\{f_k(x)\}$ 是 E 上非负可测函数列，则有

$$\int_E\sum_{k=1}^{\infty}f_k(x)dm=\sum_{k=1}^{\infty}\int_E f_k(x)dm.$$

证：令 $S_n(x)=\sum\limits_{k=1}^{n}f_k(x)$, 则 $\{S_n(x)\}$ 是 E 上非负可测函数列，且满足

$$0\le S_1(x)\le S_2(x)\le\cdots,\lim_{n\to\infty}S_n(x)=\sum_{k=1}^{\infty}f_k(x).$$

由 Levi 定理可知

$$\int_E \sum_{k=1}^{\infty} f_k(x)dm = \lim_{n\to\infty} \int_E \sum_{k=1}^{n} f_k(x)dm = \sum_{k=1}^{\infty} \int_E f_k(x)dm.$$

定理 3.3 (Fatou 定理) 若 $\{f_k(x)\}$ 是 E 上的非负可测函数列，则

$$\int_E \varliminf_{k\to\infty} f_k(x)dm \le \varliminf_{k\to\infty} \int_E f_k(x)dm$$

证：令 $g_k(x) = \inf\{f_k, f_{k+1}, \cdots\}$，则 $g_k \le f_k$，且

$$0 \le g_1(x) \le g_2(x) \le \cdots, \ \varliminf_{k\to\infty} f_k(x) = \lim_{k\to\infty} g_k(x),$$

从而由 Levi 定理可知

$$\begin{aligned}\int_E \varliminf_{k\to\infty} f_k(x)dm &= \int_E \lim_{k\to\infty} g_k(x)dm = \lim_{k\to\infty} \int_E g_k(x)dm \\ &= \varliminf_{k\to\infty} \int_E g_k(x)dm \le \varliminf_{k\to\infty} \int_E f_k(x)dm.\end{aligned}$$

这就证明了 Fatou 定理.

Fatou 定理常用于判断极限函数的可积性，例如当 E 上的非负可测函数列 $\{f_k(x)\}$ 满足 $\lim_{k\to\infty} f_k(x)$ 存在,

$$\int_E f_k(x)dm \le M, \quad k \in \mathbf{N}$$

时，我们就得到

$$\int_E \lim_{k\to\infty} f_k(x)dm \le M.$$

另外，Fatou 定理中严格不等式可能成立，例如考虑区间 $[0,1]$ 上的函数列 $f_n(x)$:

$$f_n(x) = \begin{cases} n, & x \in (0, 1/n) \\ 0, & x \notin (0, 1/n) \end{cases} \quad n \in \mathbf{N}$$

则有 $f(x)=\lim\limits_{n\to\infty}f_n(x)=0$, 因而 f 的积分为 0, 但 $\int_{[0,1]}f_n(x)dm\equiv 1$, 故

$$\int_{[0,1]}fdm<\lim_{n\to\infty}\int_{[0,1]}f_ndm.$$

定理 3.4 (Lebesgue 控制收敛定理)　设可测函数列 $\{f_n(x)\}$ 满足下述条件: $f_n(x)$ 的极限存在, $f(x)=\lim\limits_{n\to\infty}f_n(x)$, 且有可积函数 $g(x)$, 使

$$|f_n(x)|\le g(x)\quad(\forall\, x\in E,n\in\mathbf{N})$$

则 f 可积且有

$$\int_E f(x)dm=\lim_{n\to\infty}\int_E f_n(x)dm$$

通常称 $g(x)$ 为函数列 $\{f_n(x)\}$ 的控制函数.

证: 由条件 $|f_n(x)|\le g(x)$, $(x\in E)$ 易知 $|f(x)|\le g(x)$, 而据假设 g 可积, 故 f 可积, 再由条件知 $g(x)+f_n(x)\ge 0$, 对序列 $\{g(x)+f_n(x)\}$ 应用 Fatou 定理

$$\begin{aligned}\varliminf_{n\to\infty}\int_E(g(x)+f_n(x))dm&\ge\int_E\varliminf_{n\to\infty}(g(x)+f_n(x))dm\\&=\int_E(g(x)+f(x))dm\end{aligned}$$

从而, 据积分的线性性, 即有

$$\varliminf_{n\to\infty}\int_E f_n(x)dm\ge\int_E f(x)dm\tag{1}$$

同理, 由条件 $|f_n(x)|\le g(x)$, 得出 $g(x)-f_n(x)\ge 0$, 应用 Fatou 定理及关系 $\varliminf\limits_{n\to\infty}(-x_n)=-\varlimsup\limits_{n\to\infty}x_n$, 可得

$$\varlimsup_{n\to\infty}\int_E f_n(x)dm\le\int_E f(x)dm\tag{2}$$

由 (1), (2) 看出, 极限 $\lim\limits_{n\to\infty}\int_E f_ndm$ 存在, 且

$$\int_E f(x)dm=\lim_{n\to\infty}\int_E f_n(x)dm$$

定理得证.

推论 设 $mE < \infty$, E 上可测函数 $\{f_n(x)\}$ 满足 $|f_n(x)| \le M(x \in E, n \in N)$, M 为常数, $f(x) = \lim\limits_{n\to\infty} f_n(x)$, 则 $f(x)$ 可积, 且有

$$\int_E f(x)dm = \lim_{n\to\infty}\int_E f_n(x)dm.$$

此推论是 Lebesgue 控制收敛定理的一个重要特例, 称为 Lebesgue 有界控制收敛定理.

注: Lebesgue 控制收敛定理还可以推广到含有连续参数 $\alpha \in I$ 的情形, 即设 $I \subset \mathbf{R}$ 为具有 $\aleph$ 势的指标集, α_0 是它的一个聚点, 可测函数族 $\{f_\alpha(x)\}_{\alpha\in I}$ 满足 $|f_\alpha(x)| \le g(x)$, $(x \in E, \alpha \in I)$, 而 g 可积, $\lim\limits_{\alpha\to\alpha_0} f_\alpha(x) = f(x)$, 则 f 可积且有

$$\lim_{\alpha\to\alpha_0}\int_E f_\alpha(x)dm = \int_E f(x)dm$$

证明只须借用子序列的方法.

定理 3.5 (逐项积分) 设 $f_n(x)(n \in \mathbf{N})$ 是 E 上可积函数列, 若有

$$\sum_{k=1}^{\infty}\int_E |f_k(x)|dm < \infty,$$

则 $\sum\limits_{k=1}^{\infty} f_k(x)$ 在 E 上几乎处处收敛, 若记其和函数为 $f(x)$, 则 f 可积且有

$$\sum_{k=1}^{\infty}\int_E f_k(x)dm = \int_E f(x)dm.$$

证: 作函数

$$F(x) = \sum_{k=1}^{\infty}|f_k(x)|$$

由定理 3.2 可知

$$\int_E F(x)dm = \sum_{k=1}^{\infty}\int_E |f_k(x)|dm < \infty.$$

即 F 可积，从而由定理 2.3 得， $F(x)$ 在 E 上是几乎处处有限的，这说明级数 $\sum\limits_{k=1}^{\infty} f_k(x)$ 在 E 上几乎处处收敛，记其和函数为 $f(x)$. 由于

$$|f(x)| \leq \sum_{k=1}^{\infty} |f_k(x)| = F(x)$$

所以 f 可积. 现令

$$g_n(x) = \sum_{k=1}^{n} f_k(x), \ (n = 1, 2 \cdots),$$

则

$$|g_n(x)| \leq \sum_{k=1}^{n} |f_k(x)| \leq F(x) \quad n \in \mathbf{N}$$

于是由 Lebesgue 控制收敛定理可得

$$\begin{aligned}\int_E f(x)dm &= \int_E \lim_{n\to\infty} g_n(x)dm \\ &= \lim_{n\to\infty} \int_E g_n(x)dm = \sum_{k=1}^{\infty} \int_E f_k(x)dm.\end{aligned}$$

定理 3.6 (积分号下求导) 设 $f(x,y)$ 是定义在 $E\times[a,b]$ 上的函数，它作为 x 的函数在 E 上是可积的，作为 y 的函数在 $[a,b]$ 上是可微的，若存在可积函数 $g(x)$, 使得

$$\left|\frac{\partial}{\partial y} f(x,y)\right| \leq g(x), (x,y) \in E \times [a,b]$$

则

$$\frac{d}{dy} \int_E f(x,y)dm(x) = \int_E \frac{\partial}{\partial y} f(x,y)dm(x)$$

证：任意取定 $y \in [a,b]$, 以及 $h_k \to 0 (k \to \infty)$, 我们有

$$\lim_{k\to\infty} \frac{f(x, y+h_k) - f(x,y)}{h_k} = \frac{\partial}{\partial y} f(x,y) \quad x \in E$$

由微分中值定理,

$$\left|\frac{f(x,y+h_k)-f(x,y)}{h_k}\right| \le g(x), \quad x \in E.$$

从而由 Lebesgue 控制收敛定理可得

$$\begin{aligned}\frac{d}{dy}\int_E f(x,y)dm(x) &= \lim_{k\to\infty}\int_E \frac{f(x,y+h_k)-f(x,y)}{h_k}dm(x) \\ &= \int_E \frac{\partial}{\partial y}f(x,y)dm\end{aligned}$$

注: 在定理 3.6 中, 若 $mE<\infty$, 则条件可改为"存在常数 C, 使 $|\frac{\partial}{\partial y}f(x,y)| \le C$ ", 结论同样成立.

定理 3.7 设 $mE<\infty$, E 上可测函数列 $\{f_n(x)\}$ 满足条件:

$$|f_n(x)| \le g(x) \quad (x \in E, n \in \mathbf{N})$$

而 g 可积, 又设 f_n 测度收敛于 f, 那么 f 可积, 且

$$\int_E f(x)dm = \lim_{n\to\infty}\int_E f_n(x)dm$$

证: 先证明 $f(x)$ 的可积性.

因 $\{f_n\}$ 测度收敛于 f, 据 Riesz 定理, 存在子列 $\{f_{n_k}\}$ 几乎处处收敛于 f, 由定理条件 $|f_{n_k}(x)| \le g(x)$ 在 E 上几乎处处成立, 令 $k\to\infty$, 得 $|f(x)| \le g(x)$ 在 E 上几乎处处成立, 因 g 可积, 所以 f 在 E 上亦可积.

对任意的 $\varepsilon>0$, 据 g 的可积性及积分的绝对连续性, 存在 $\delta>0$, 使当 $me<\delta(e\subset E)$ 时, 有

$$\int_E gdm < \frac{\varepsilon}{4}.$$

再取正数 η, 满足 $0 < \eta < \frac{\varepsilon}{2mE}$, 则 $E = A_n(\eta) \cup B_n(\eta)$, 其中

$$A_n(\eta) = E(|f_n - f| \geq \eta)$$

$$B_n(\eta) = E - A_n(\eta) = E(|f_n - f| < \eta)$$

由 $f_n \xrightarrow{m} f$, 所以 $mA_n(\eta) \to 0(n \to \infty)$, 因而存在自然数 N, 使当 $n > N$ 时, $mA_n(\eta) < \delta$, 从而

$$\int_{A_n(\eta)} gdm < \frac{\varepsilon}{4} \quad (n > N).$$

所以当 $n > N$ 时

$$\begin{aligned}
&|\int_E f_n dm - \int_E f dm| \leq \int_E |f_n - f| dm \\
&= \int_{A_n(\eta)} |f_n - f| dm + \int_{B_n(\eta)} |f_n - f| dm \\
&\leq \int_{A_n(\eta)} 2g(x) dm + \eta m B_n(\eta) \\
&< 2 \cdot \frac{\varepsilon}{4} + \eta m E < \frac{\varepsilon}{2} + \frac{\varepsilon}{2} = \varepsilon
\end{aligned}$$

从定理的证明中可以看到，实际上我们证明了

$$\lim_{n\to\infty} \int_E |f_n - f| dm = 0$$

它较定理的结论为强.

4.4 Riemann 积分与 Lebesgue 积分的比较

首先回顾一下 Riemann 积分的概念，设 $f(x)$ 是定义在 $[a,b]$ 上的有界函数，对于区间 $[a,b]$ 的任一分划

$$a = x_0 < x_1 < x_2 < \cdots < x_n = b$$

满足 $\lambda = \max\limits_{0\le i\le n-1}(x_{i+1}-x_i)\to 0$, 在 $[x_i,\, x_{i+1}]$ 上任取一点 $\xi_i\,(i=0,1,\cdots,n-1)$ 作和

$$\sigma = \sum_{i=0}^{n-1} f(\xi_i)(x_{i+1}-x_i)$$

当 $\lambda\to 0$ 时，σ 趋于有限的极限 I, 则称 I 为 f 在 $[a,b]$ 上 Riemann 积分，记为

$$I=(R)\int_a^b f(x)dx$$

记 $M_i = \sup\limits_{x\in[x_i,\,x_{i+1}]} f(x),\quad m_i = \inf\limits_{x\in[x_i,\,x_{i+1}]} f(x)$ 则称

$$S=\sum_{i=0}^{n-1} M_i(x_{i+1}-x_i) \quad 与 \quad s=\sum_{i=0}^{n-1} m_i(x_{i+1}-x_i)$$

分别为 f 的 Darboux 上、下和，我们有

定理 4.1 函数 $f(x)$ 在 $[a,b]$ 上 Riemann 可积的充分必要条件是：当 $\lambda\to 0$ 时，Darboux 上和 S 与 Darboux 下和 s 都趋于同一极限.

推论 若记 $\omega_i = M_i - m_i$ 为 $f(x)$ 在 $[x_i, x_{i+1}]$ 上的振幅，则 f 在 $[a,b]$ 上 Reimann 可积的充分必要条件是

$$\lim_{\lambda\to 0}\sum_{i=0}^{n-1}\omega_i(x_{i+1}-x_i)=0.$$

利用定理 4.1 及推论可知下列三类函数是 Riemann 可积的

(i) $[a,b]$ 上的连续函数;

(ii) $[a,b]$ 上的单调有界函数;

(iii) $[a,b]$ 上只有有限多个间断点的有界函数.

为了讨论 Riemann 积分与 Lebesgue 积分的关系，我们引入 Baire 上、下函数的概念.

设 $f(x)$ 是 $[a,b]$ 上的实函数， $x_0\in[a,b]$, 对 $\delta>0$ 令

$$M_\delta(x_0)=\sup_{x_0-\delta<x<x_0+\delta}f(x),\quad m_\delta(x_0)=\inf_{x_0-\delta<x<x_0+\delta}f(x)$$

容易看出

$$m_\delta(x_0)\le f(x_0)\le M_\delta(x_0)$$

且 $m_\delta(x_0)$ 关于 δ 是单调减少，而 $m_\delta(x_0)$ 关于 δ 是单调增加，因此有如下极限

$$m(x_0)=\lim_{\delta\to 0+}m_\delta(x_0),\quad M(x_0)=\lim_{\delta\to 0+}M_\delta(x_0).$$

并且

$$m_\delta(x_0)\le m(x_0)\le f(x_0)\le M(x_0)\le M_\delta(x_0).$$

定义 4.1 函数 $m(x)$ 与 $M(x)$ 分别称为 $f(x)$ 的 Baire 下函数与 Baire 上函数.

定理 4.2 设 $f(x)$ 在 $x_0\in[a,b]$ 取有限值，则函数 $f(x)$ 在 x_0 连续的充要条件是

$$m(x_0)=M(x_0).$$

证：必要性，对任意 $\varepsilon>0$, 由 $f(x)$ 在 x_0 连续，所以存在 $\delta_1>0$, 当 $x\in(x_0-\delta_1,x_0+\delta_1)$ 时,

$$f(x_0)-\varepsilon<f(x)<f(x_0)+\varepsilon.$$

成立，因此对任意满足 $0<\delta<\delta_1$ 的 δ, 有

$$f(x_0)-\varepsilon\le m_\delta(x_0)\le M_\delta(x_0)\le f(x_0)+\varepsilon$$

令 $\delta\to 0+$, 得

$$f(x_0)-\varepsilon\le m(x_0)\le M(x_0)\le f(x_0)+\varepsilon$$

再令 $\varepsilon \to 0$，得 $m(x_0) = M(x_0)$。

充分性，由 $m(x_0) = M(x_0) = f(x_0)$，因为

$$m(x_0) = \lim_{\delta \to 0+} m_\delta(x_0), \quad M(x_0) = \lim_{\delta \to 0+} M_\delta(x_0)$$

所以对任意 $\varepsilon > 0$, 存在 $\delta > 0$，使

$$m(x_0) - \varepsilon < m_\delta(x_0) \le m(x_0), \quad M(x_0) \le M_\delta(x_0) < M(x_0) + \varepsilon.$$

成立，从这些不等式得

$$f(x_0) - \varepsilon < m_\delta(x_0), M_\delta(x_0) < f(x_0) + \varepsilon.$$

当 $x \in (x_0 - \delta, x_0 + \delta)$ 时，有 $m_\delta(x_0) \le f(x) \le M_\delta(x_0)$，所以

$$f(x_0) - \varepsilon < f(x) < f(x_0) + \varepsilon.$$

即 $f(x)$ 在 x_0 连续.

引理 4.1 作 $[a, b]$ 的分划序列

$$D_1 : a = x_0^{(1)} < x_1^{(1)} < \cdots < x_{n_1}^{(1)} = b$$

$$D_2 : a = x_0^{(2)} < x_1^{(2)} < \cdots < x_{n_2}^{(2)} = b$$

$$\cdots \quad \cdots \quad \cdots \quad \cdots \quad \cdots$$

$$D_i : a = x_0^{(i)} < x_1^{(i)} < \cdots < x_{n_i}^{(i)} = b$$

满足当 $i \to \infty$ 时,

$$\lambda_i = \max_{0 \le k \le n_i} [x_{k+1}^{(i)} - x_k^{(i)}] \to 0,$$

设

$$m_k^{(i)} = \inf_{x \in [x_k^{(i)}, x_{k+1}^{(i)}]} f(x), \quad M_k^{(i)} = \sup_{x \in [x_k^{(i)}, x_{k+1}^{(i)}]} f(x)$$

作函数

$$\underline{f}_i(x)=\begin{cases} m_k^{(i)} & x_k^{(i)}\le x<x_{k+1}^{(i)} \\ f(b) & x=b \end{cases}, k=0,1,\cdots,n_{i-1}$$

$$\overline{f}_i(x)=\begin{cases} M_k^{(i)} & x_k^{(i)}\le x<x_{k+1}^{(i)} \\ f(b) & x=b \end{cases}, k=0,1,\cdots,n_{i-1}$$

则 $\lim\limits_{i\to\infty}\underline{f}_i(x)=m(x), \lim\limits_{i\to\infty}\overline{f}_i(x)=M(x)$.

证：设 $x_0\in[a,b]$，固定 i, 不妨设 $x_0\in(x_{k_0}^{(i)},x_{k_0+1}^{(i)})$, 取 δ 充分小，使

$$(x_0-\delta,x_0+\delta)\subset[x_{k_0}^{(i)},x_{k_0+1}^{(i)}]$$

从而 $m_{k_0}^{(i)}\le m_\delta(x_0)$, 即 $\underline{f}_i(x_0)\le m_\delta(x_0)$, 先令 $\delta\to 0$, 再令 $i\to\infty$ 即得 $\overline{\lim\limits_{i\to\infty}}\underline{f}_i(x_0)\le m(x_0)$。反之,对于固定的 $\delta>0$, 取 i 充分大,使 $x_0\in[x_{k_0}^{(i)},x_{(k_0+1)}^{(i)}]\subset(x_0-\delta,x_0+\delta)$，所以 $m_{k_0}^{(i)}\ge m_\delta(x_0)$, 即 $\underline{f}_i(x_0)\ge m_\delta(x_0)$, 先令 $i\to\infty$, 再令 $\delta\to 0$, 得

$$\underline{\lim_{i\to\infty}}\underline{f}_i(x_0)\ge m(x_0)$$

这就证明了 $\lim\limits_{i\to\infty}\underline{f}_i(x_0)=m(x_0)$.

同理可证 $\lim\limits_{i\to\infty}\overline{f}_i(x)=M(x)$.

推论 1 Baire 下、上函数 $m(x),M(x)$ 是可测的.

推论 2 若 $f(x)$ 在 $[a,b]$ 上是有界的，则

$$\lim_{i\to\infty}(L)\int_{[a,b]}\underline{f}_i(x)dm=(L)\int_{[a,b]}m(x)dm$$

$$\lim_{i\to\infty}(L)\int_{[a,b]}\overline{f}_i(x)dm=(L)\int_{[a,b]}M(x)dm$$

证：因为当 $|f(x)|\le M$ 时，则 $|\underline{f}_i(x)|\le M, |\overline{f}_i(x)|\le M$, 由 Lebesgue 有界控制收敛定理得

$$\lim_{i\to\infty}(L)\int_{[a,b]}\underline{f}_i(x)dm=(L)\int_{[a,b]}m(x)dm$$

$$\lim_{i\to\infty}(L)\int_{[a,b]}\overline{f}_i(x)dm=(L)\int_{[a,b]}M(x)dm$$

定理 4.3 (Lebesgue) $[a,b]$ 上的有界函数 $f(x)$ 为 Riemann 可积的充分必要条件是： $f(x)$ 在 $[a,b]$ 上是几乎处处连续的.

证： $f(x)$ 在 $[a,b]$ 在 Riemann 可积 $\Leftrightarrow$Darboux 上、下和趋于同一极限，即

$$\begin{aligned}
&\sum_{k=0}^{n_i-1}M_k^{(i)}(x_{k+1}^{(i)}-x_k^{(i)})-\sum_{k=0}^{n_i-1}m_k^{(i)}(x_{k+1}^{(i)}-x_k^{(i)})\\
=\ &(L)\int_{[a,b]}\overline{f}_i(x)dm-(L)\int_{[a,b]}\underline{f}_i(x)dm\\
\to\ &(L)\int_{[a,b]}M(x)dm-(L)\int_{[a,b]}m(x)dm\\
=\ &(L)\int_{[a,b]}(M(x)-m(x))dm=0\Leftrightarrow M(x)\sim m(x)
\end{aligned}$$

由定理 4.2 $\Leftrightarrow$ $f(x)$ 在 $[a,b]$ 几乎处处连续.

定理 4.4 若 $f(x)$ 在 $[a,b]$ 上 Riemann 可积，则 $f(x)$ 必 Lebesgue 可积，且积分值相等.

证：由定理 4.1,$f(x)$ 的 Darboux 上、下和收敛于同一极限，即

$$\sum_{k=0}^{n_i-1}M_k^{(i)}(x_{k+1}^{(i)}-x_k^{(i)})\to(R)\int_a^b f(x)dx\quad(i\to\infty)$$

由定理 4.3， $M(x)\sim m(x)$，而 $m(x)\le f(x)\le M(x)$，所以 $f(x)\sim M(x)$, 再由定理 4.2 的推论 2 知

$$\begin{aligned}
&\sum_{k=0}^{n_i-1}M_k^{(i)}(x_{k+1}^{(i)}-x_k^{(i)})\\
&=(L)\int_{[a,b]}\overline{f}_i(x)dm\to(L)\int_{[a,b]}M(x)dm=(L)\int_{[a,b]}f(x)dm
\end{aligned}$$

即

$$(R)\int_a^b f(x)dx=(L)\int_{[a,b]}f(x)dm$$

注：对于广义 Riemann 积分，定理 4.4 不再成立.

例 1：若 $f(x)=\frac{\sin x}{x}$，则它在 $[0,+\infty)$ 上的广义积分为

$$\int_0^{\infty}\frac{\sin x}{x}dx=\frac{\pi}{2}$$

但我们有

$$\int_0^{\infty}|\frac{\sin x}{x}|dx=+\infty$$

这说明 $f\notin L[0,+\infty)$.

例 2：若在 $[0,1]$ 上定义函数

$$f(x)=\begin{cases}0, & x=0\\ (-1)^{n+1}n, & \frac{1}{n+1}<x\leq\frac{1}{n}, \quad n\in N\end{cases}$$

则其广义积分值为

$$\int_0^1 f(x)dx=1-\ln 2$$

但我们有

$$\int_0^1|f(x)|dx=+\infty$$

这说明 $f\in L([0,1])$。

如果函数保持常号，则这时定理 4.4 仍然成立.

定理 4.5 若 $f(x)$ 在 I 上广义 Riemann 可积，且 $f(x)$ 不变号，则 f 必 Lebesgue 可积，且积分值相等.

证：就无界函数 $f(x)$, $I=[0,1]$, $f(x)$ 仅在 $a=0$ 无界， $f(x)$ 在 $[0,1]$ 上非负来证明，令

$$f_n(x)=\begin{cases}0, & x\in[0,\frac{1}{n})\\ f(x), & x\in[\frac{1}{n},1]\end{cases}$$

则每个 $f_n(x), n\in\mathbf{N}$ 都是非负的有界可测函数，容易证明

$$0\le f_1(x)\le f_2(x)\le\cdots,\text{且}\lim_{n\to\infty}f_n(x)=f(x)$$

由 Levi 定理

$$\begin{aligned}(L)\int_{[0,1]}f(x)dm&=\lim_{n\to\infty}(L)\int_{[0,1]}f_n(x)dm\\=&\lim_{n\to\infty}(L)\int_{[\frac{1}{n},1]}f(x)dm=\lim_{n\to\infty}(R)\int_{1/n}^{1}f(x)dx\\=&(R)\int_0^1 f(x)dx\end{aligned}$$

这就证明了定理.

例 3 从定理 4.5 可看出，当 $0<\alpha<1$ ，积分 $\int_{(0,1)}x^{-\alpha}dm$ 存在，且值为 $(1-\alpha)^{-1}$, 而当 $\alpha\ge 1$ 时，积分为 ∞ 。

4.5 二重 L- 积分与 Fubini 定理

由第一章第 5 节我们知道，$\mathbf{R}^2$ 中的非空开集 G 可表为可列个互不相交的半闭正方形的并，即

$$G=\bigcup_{k=1}^{\infty}[a_k,a_k+h_k)\times[c_k,c_k+h_k)$$

在 $\mathbf{R}^2$ 上定义 G 的测度为

$$\lambda G=\sum_{k=1}^{\infty}h_k^2$$

若 $F\subset\mathbf{R}^2$, F 为有界闭集，则存在 $(a,b)\times(c,d)$, 使得 $(a,b)\times(c,d)\supset F$, 定义 F 的测度为

$$\lambda F=(b-a)\times(d-c)-\lambda((a,b)\times(c,d)-F)$$

对于一般的集 $E \subset \mathbf{R}^2$, E 的外测度，内测度分别定义为

$$\lambda^* E = \inf\{\lambda G : G \supset E, G\text{为}\mathbf{R}^2\text{中开集}\}$$

$$\lambda^* E = \sup\{\lambda F : F \subset E, F\text{为}\mathbf{R}^2\text{中闭集}\}$$

定义 5.1 设 $E \subset \mathbf{R}^2$, 若 $\lambda_* E = \lambda^* E$ ，则称 E 为 $\mathbf{R}^2$ 中 Lebesgue 可测集，这时称 E 的外测度或内测度为 E 的测度，记为 $\lambda E = \lambda^* E = \lambda_* E$.

定义 5.2 设 E 是 $\mathbf{R}^2$ 中可测集， $f(x,y)$ 是 E 上的实值函数，若对每一个实数 $a \in \mathbf{R}$, $E(f(x,y) > a)$ 为 $\mathbf{R}^2$ 中可测集，则称 $f(x,y)$ 为 E 上的可测函数.

定义 5.3 设 $f(x,y)$ 是有界可测集 $E(\subset \mathbf{R}^2)$ 上的可测函数， $f(x,y) \geq 0$ ，定义 $f(x,y)$ 在 E 上的 Lebesgue 积分为

$$\int_E f(x,y)d\lambda = \sup_{0 \leq \varphi \leq f} \int_E \varphi(x,y)d\lambda$$

其中 $\varphi(x,y)$ 为 E 上的简单函数，完全类似于一维情况，定义一般二元函数 $f(x,y)$ 的 Lebesgue 积分为

$$\int_E f(x,y)d\lambda = \int_E f_+(x,y)d\lambda - \int_E f_-(x,y)d\lambda$$

对平面上一般 Lebesgue 可测函数 f, 若 f_+ 或 f_- 两者之一可积，则定义 f 在 $\mathbf{R}^2$ 上的重积分为

$$\int_{\mathbf{R}\times\mathbf{R}} f d\lambda = \int_{\mathbf{R}\times\mathbf{R}} f_+ d\lambda - \int_{\mathbf{R}\times\mathbf{R}} f_- d\lambda$$

若 f_+ 和 f_- 均可积，则称 f 在 $\mathbf{R}^2$ 上 Lebesgue 可积.

顺便指出，若 f 在 $\mathbf{R}^2$ 上的重积分存在， E 是平面上的 Lebesgue 可测集，则 f_{χ_E} 在 $\mathbf{R}^2$ 上的重积分也存在，记

$$\int_E f d\lambda = \int_{\mathbf{R}\times\mathbf{R}} f\chi_E d\lambda$$

并称之为 f 在 E 上的重积分，如果 f 只在 E 上有定义，可先将 f 延拓到 $\mathbf{R}^2$，然后再研究 f 在 E 上的重积分是否存在.

设 $E\subset\mathbf{R}^2$ 是 Lebesgue 可测集，引入记号

$$E_{x_0}=\{y:(x_0,y)\in E\},\ E^{y_0}=\{x:(x,y_0)\in E\},$$

分别称为 E 的 x_0 截口和 y_0 截口，则 E 的测度为

$$\lambda(E)=\int_{\mathbf{R}}m(E_x)dm(x)=\int_{\mathbf{R}}m(E^y)dm(y) \tag{1}$$

定义 5.4 设 $f(x,y)$ 是平面上的实函数，若对于几乎处处的 $y\in\mathbf{R}, f(x,y)$ 作为 x 的函数在 $\mathbf{R}$ 上存在 Lebesgue 积分

$$I(y)=\int_{\mathbf{R}}f(x,y)dm(x)$$

并且 $I(y)$ 在 $\mathbf{R}$ 上的 Lebesgue 积分也存在，则称值

$$\int_R dm(y)\int_R f(x,y)dm(x)=\int_R I(y)dm(y)$$

为 f 在 $\mathbf{R}^2$ 上的一个累次积分，类似可定义 f 在 $\mathbf{R}^2$ 上的另一个累次积分

$$\int_{\mathbf{R}}dm(x)\int_{\mathbf{R}}f(x,y)dm(y)$$

现在证明重要的 Fubini 定理:

定理 5.1 若 $f(x,y)$ 在 $\mathbf{R}^2$ 上的重积分存在，则 f 在 $\mathbf{R}^2$ 上的两个累次积分也存在且

$$\int_{\mathbf{R}\times\mathbf{R}}fd\lambda=\int_{\mathbf{R}}dm(y)\int_{\mathbf{R}}f(x,y)dm(x)=\int_{\mathbf{R}}dm(x)\int_{\mathbf{R}}f(x,y)dm(y) \tag{2}$$

证：设 f 是 $\mathbf{R}^2$ 上的非负 Lebesgue 可测函数，则存在 $\mathbf{R}^2$ 上简单递增可测函数序列 $\{\varphi_n\}$ 收敛于 f 。因为对于每一个可测集 $E \subset \mathbf{R}^2$, $\lambda(E) < \infty$, 有

$$\int_{\mathbf{R}\times\mathbf{R}} \chi_E d\lambda = \lambda(E)$$

并且对于每一个 $x \in \mathbf{R}$, 有

$$\int_{\mathbf{R}} \chi_E(x,y)dm(y) = \int_{\mathbf{R}} \chi_{E_x}(y)dm(y) = m(E_x)$$

由公式 (1) 推出

$$\int_{\mathbf{R}\times\mathbf{R}} \chi_E d\lambda = \int_{\mathbf{R}} dm(x) \int_{\mathbf{R}} \chi_E(x,y)dm(y)$$

同理有

$$\int_{\mathbf{R}\times\mathbf{R}} \chi_E d\lambda = \int_{\mathbf{R}} dm(y) \int_{\mathbf{R}} \chi_E(x,y)dm(x)$$

应用积分的线性性质得到

$$\begin{aligned}\int_{\mathbf{R}\times\mathbf{R}} \varphi_n d\lambda &= \int_{\mathbf{R}} dm(y) \int_{\mathbf{R}} \varphi_n(x,y)dm(x) \\ &= \int_{\mathbf{R}} dm(x) \int_{\mathbf{R}} \varphi_n(x,y)dm(y)\end{aligned}$$

令 $n \to \infty$ ，由 Levi 定理便推出

$$\begin{aligned}\int_{\mathbf{R}\times\mathbf{R}} f d\lambda &= \int_{\mathbf{R}} dm(y) \int_{\mathbf{R}} f(x,y)dm(x) \\ &= \int_{\mathbf{R}} dm(x) \int_{\mathbf{R}} f(x,y)dm(y)\end{aligned}$$

若 f 在 $\mathbf{R}^2$ 上的重积分存在，则 f_+ 和 f_- 是 $\mathbf{R}^2$ 上的非负可测函数，且 f_+ 和 f_- 两者之一在 $\mathbf{R}^2$ 上的重积分是有穷值，由已证结果有

$$\int_{\mathbf{R}\times\mathbf{R}} f_+ d\lambda = \int_{\mathbf{R}} dm(y) \int_{\mathbf{R}} f_+(x,y)dm(x) = \int_{\mathbf{R}} dm(x) \int_{\mathbf{R}} f_+(x,y)dm(y)$$

$$\int_{\mathbf{R}\times\mathbf{R}} f_- d\lambda = \int_{\mathbf{R}} dm(y) \int_{\mathbf{R}} f_-(x,y)dm(x) = \int_{\mathbf{R}} dm(x) \int_{\mathbf{R}} f_-(x,y)dm(y)$$

从而 (2) 式成立，这就证明了定理.

注：二重积分存在只是 f 的累次积分可交换次序的一个充分条件，但不是必要条件.

例如：函数

$$f(x,y) = \begin{cases} 0, & xy = 0 \\ \frac{2xy}{(x^2+y^2)^2}, & xy \neq 0 \end{cases}$$

在 $E = [-1,1] \times [-1,1]$ 上的重积分不存在，但

$$\int_{-1}^{1} dx \int_{-1}^{1} f(x,y)dy = \int_{-1}^{1} dy \int_{-1}^{1} f(x,y)dx.$$

习题四

1. 设在 Cantor 三分集 P_0 上定义函数 $f(x)$ 为零，而在 P_0 的补集中长为 $1/3^n$ 的构成区间上定义 $f(x)$ 为 $n(n \in \mathbf{N})$, 试证 $f \in L$, 并求积分值.

2. 设由 [0, 1] 中取 n 个可测子集 $E_1, E_2, \cdots, E_n$ ，假定 [0, 1] 中任一点至少属于这 n 个集中的 p 个，试证这 n 个集中必有一集，它的测度不小于 p/n.

3. 设 $mE > 0$, 又设 E 上可积函数 $f(x)$, $g(x)$, 满足 $f(x) < g(x)$, 试证

$$\int_E f(x)dm < \int_E g(x)dm$$

4. 设 $mE < \infty$ ，则 $f(x)$ 在 E 上可积的充要条件是，级数

$$\sum_{n=1}^{\infty} mE(|f| \geq n)$$

收敛. 当 $mE = \infty$ 时，结论是否成立？

5. 证明：若 f 是 E 上的非负可测函数，则 $f \in L$ 当且仅当

$$\sum_{n=1}^{\infty} mE(n-1 \le f(x) < n) < \infty.$$

6. 若 $f(x) \in L(E)$, $E_n = E(|f| > n)$, 证明

$$\text{(i)} \lim_{n\to\infty} mE_n = 0, \qquad \text{(ii)} \lim_{n\to\infty} mE_n = 0.$$

7. 设 $f(x) \ge 0$ ，为可测函数，令

$$\{f(x)\}_n = \begin{cases} f(x), & 若\ f(x) \le n \\ 0, & 若\ f(x) > n \end{cases}$$

则当 $f(x)$ 几乎处处有限时，有

$$\lim_{n\to\infty} \int_E \{f(x)\}_n dm = \int_E f(x) dm$$

8. 设 $f(x)$ 在有限区间 $[a,b]$ 上可积，试证对每个 $n \in \mathbf{N}, [nf(x)]$ 可测，且有等式

$$\lim_{n\to\infty} \frac{1}{n} \int_{(a,b)} [nf(x)] dm = \int_{(a,b)} f(x) dm$$

其中 $[y]$ 表示实数 y 的整数部分.

9. 设对每个 $n \in \mathbf{N}, f_n(x)$ 在 E 上可积， $f_n(x)$ 几乎处处收敛于 $f(x)$ ，且一致有

$$\int_E |f_n(x)| dm \le K, K为常数$$

则 $f(x)$ 可积.

10. 设 $f(x), f_n(x) (n \in \mathbf{N})$ 均是 E 上可积函数， $f_n(x)$ 几乎处处收敛于 f, 且

$$\lim_{n\to\infty} \int_E |f_n(x)| dm = \int_E |f(x)| dm$$

试证，在任意可测子集 $e \subset E$ 上，有

$$\lim_{n\to\infty}\int_e |f_n(x)|dm = \int_e |f(x)|_d m$$

11. 求极限

$$\lim_{n\to\infty}(\mathbf{R})\int_0^1 \frac{nx^{1/2}}{1+n^2x^2}\sin^5 nx dx.$$

12. 设 $f(x)$ 是 $[a,b]$ 上的可积函数，其中 $a>0$, 若

$$f_n(x)=\frac{f(x)}{(x^2+3x+1)^n},$$

试求

$$\lim_{n\to\infty}\int_{(a,b)} f_n(x)dm.$$

13. 求

$$\lim_{n\to\infty}\int_0^\infty \frac{dt}{(1+\frac{t}{n}))^n t^{1/n}}$$

14. 求极限

$$I=\lim_{n\to\infty}(\mathbf{R})\int_{-\infty}^\infty \frac{\cos\frac{x}{n^2}+\frac{1}{n^2}\cos x}{1+x^2}dx$$

15. 求

$$\sum_{n=1}^\infty(\mathbf{R})\int_{-1}^1 \frac{x^2e^x}{(1+x^2)^n}dx.$$

16. 求

$$\int_{(0,1)}\frac{1}{1-x}\ln\frac{1}{x}dm.$$

17. 设 $f\in L(E)$ ，并且在 E 上几乎处处有 $f(x)>0$, 如对某可测集 $A\subset E$, 有 $\int_A f(x)dm=0$, 则必有 $mA=0$.

18. 设 $f(x)$ 为 E 上可积函数，如果对任何有界可测函数 $\varphi(x)$, 都有

$$\int_E f(x)\varphi(x)dm = 0$$

则 $f \sim 0$.

19. 设 $f(x)$ 是区间 $[0,1]$ 上的可积函数，若对任何开集 $G \subset (0,1)$, 恒有 $\int_G f(x)dm = 0$ ，则 $f \sim 0$.

20. 设 $f(x)$ 是区间 $[0,1]$ 上的可积函数，若对任何 $c \in (0,1)$, 恒有

$$\int_{(0,c)} f(x)dm = 0,$$

则 $f \sim 0$.

21. 若 $f(x)$ 是 $[a-\delta, b+\delta](\delta > 0)$ 上的可积函数，证明

$$\lim_{h\to 0}\int_{[a,b]} |f(x+h) - f(x)|dm = 0$$

22. 设 $f(x)$ 在 $(-\infty,\infty)$ 上可积，则

$$\lim_{h\to 0}\int_{-\infty}^{\infty} |f(x+h) - f(x)|dm = 0.$$

23. 设 $\{E_n\}$ 是渐张可测集列，且 $mE_n < M < \infty (n = 1, 2, \cdots)$ ，函数 $f(x)$ 在 $E = \bigcup\limits_{n=1}^{\infty} E_n$ 上可积，证明

$$\lim_{n\to\infty}\int_{E_n} f(x)dm = \int_E f(x)dm$$

24. 设 $f(x)$ 是 $\mathbf{R}$ 上可积函数，试证

$$\hat{f}(t) = \int_{\mathbf{R}} e^{-itx} f(x)dm$$

是 **R** 上的连续函数，且

$$\hat{f}(t) = \frac{d}{dt}\int_{\mathbf{R}} \frac{e^{-itx}-1}{ix} f(x)dm$$

25. 设 $f(x)$ 是 (a,b) 上的可积函数，试证

$$\lim_{t\to\infty}\int_{(a,b)} f(x)e^{itx}dm = 0.$$

第五章　微分与不定积分

5.1　单调函数的可微性

定义 1.1　设 $f(x)$ 是定义在区间 $[a,b]$ 上的有限函数，　$x_0 \in [a,b]$, 若存在数列 $h_n \to 0(h_n \neq 0)$，使极限

$$\lim_{n\to\infty} h_n^{-1}[f(x_0+h_n)-f(x_0)]=\lambda.$$

存在 (有限，$-\infty$ 或 $+\infty$), 则称 λ 为 $f(x)$ 在 x_0 的一个列导数, 记成 $\lambda = Df(x_0)$.

从定义不难看出，$f(x)$ 在 x_0 的导数存在 (有限，$-\infty$ 或 ∞) 当且仅当 $f(x)$ 在 x_0 的一切 (可能存在的) 列导数相等 (在有限情况下等于 $f'(x_0)$).

例 考察函数

$$f(x)=\begin{cases} \sin\frac{\pi}{x}, & x\neq 0\\ 0, & x=0\end{cases}$$

我们来看看它在 $x=0$ 处的列导数情况.

取 $h_n=\frac{1}{n}$，有

$$h_n^{-1}[f(0+h_n)-f(0)]=0.$$

又取 $h_n=(2n+\frac{1}{2})^{-1}$，有

$$h_n^{-1}[f(0+h_n)-f(0)]=2n+\frac{1}{2}\to\infty(n\to\infty)$$

可知 $f(x)$ 在 $x=0$ 处有两个列导数 0 与 ∞.

定义 1.2　设 $E\subset \mathbf{R}$, $\mathscr{U}=\{d\}$ 是长度为正的闭区间所成集，如果对任一点 $x\in E$，恒有一个区间列 $d_n\in\mathscr{U}$，使

$$x\in d_n(n\in\mathbf{N}),\quad \lim_{n\to\infty} md_n=0.$$

则称 $\mathscr{U}$ 为依 Vitali 意义覆盖 E 。

定理 1.1(Vitali 引理) 设 E 为有界集, $\mathscr{U}$ 为依 Vitali 意义覆盖 E, 则可在 $\mathscr{U}$ 中选出有限或可列个互不相交的闭区间 $\{d_k\}$，使

$$m(E-\bigcup_k d_k)=0 \tag{1}$$

证: 取包含 E 的一个开区间 $\Delta=(a,b)$ 作为基本区间, 由于 $\mathscr{U}$ 依 Vitali 意义覆盖 E, 由 $\mathscr{U}$ 中除去一切不含于 (a,b) 内的那些 d 所得的集 $\mathscr{U}_0$, 依然覆盖 E, 我们利用集 $\mathscr{U}_0$ 将证明分为两步.

第一步，用归纳法确定出所需的闭区间列 $\{d_n\}_{n\in\mathbf{N}}$.

令 $k_0=\sup\limits_{d\in u_0} md$，则 k_0 为非负实数，据上确界的定义，可从 $\mathscr{U}_0$ 中取 d_1 使 $md_1>\frac{1}{2}k_0$；令

$$G_1=\mathscr{C}d_1=(a,b)-d_1, k_1=\sup_{d\subset G_1} md(d\in\mathscr{U}_0, \text{下同})$$

如果 $k_1=0$，(这表示 $\mathscr{U}_0$ 中没有完全含于 G_1 的区间), 则一个区间 d_1 已符合定理要求，作法便终止，如果 $k_1>0$，便从 $\mathscr{U}_0$ 中取 $d_2\subset G_1$，使 $md_2>\frac{1}{2}k_1$, 显然有 $d_2\cap d_1=\emptyset$，一般地，如果 $d_1,d_2,\cdots,d_n$ 已由 $\mathscr{U}_0$ 中选出，但不符合定理要求 (1)，则令

$$F_n=\bigcup_{k=1}^n d_k,\quad G_n=\mathscr{C}F_n,\quad k_n=\sup_{d\subset G_n} md \tag{2}$$

那么，由 $\mathscr{U}_0$ 中取 $d_{n+1}\subset G_n$，使

$$md_{n+1}>\frac{1}{2}k_n \tag{3}$$

于是得到互不相交的闭区间列 $d_1,d_2,\cdots$ (如果这序列只含有限个区间，定理的结论已不须证明)

第二步，我们证明序列 $\{d_k\}_{k\in\mathbf{N}}$ 满足 (1).

以 d_k 的中心为心扩大每个 d_k 而得闭区间 D_k, 使 $mD_k = 5md_k$, $(k \in \mathbf{N})$, 由于 $\sum_k md_k \le m\Delta = b-a$ 。级数 $\sum_k mD_k$ 收敛，我们只要证明，对于任何 i, 有

$$E - \bigcup_{k=1}^{\infty} d_k \subset \bigcup_{k=i}^{\infty} D_k \tag{4}$$

即得 (1) 成立.

为此，任取 $x \in E - \bigcup_{k=1}^{\infty} d_k$ ，对任意的 i, 有 $x \in G_i$ ，因 G_i 为开集，故 $\mathscr{U}_0$ 中存在 $d \subset G_i$, 使 $x \in d$ ，对于这个 d, 关系式

$$d \subset G_n \tag{5}$$

不可能对一切 n 成立, 这是因为, 不然将有 $md \le k_n < 2md_{n+1}$, 注意到 $md_{n+1} \to 0(n \to \infty)$ ，有 $md = 0$ ，这样 d 将不是正长度的区间，与假设相违，于是确有 n 使 (5) 不成立，即有 $n \in \mathbf{N}$ ，使 $d \cap F_n \ne \emptyset$ ，设满足此式的最小自然数仍记为 n ，由于 $d \cap F_i = \emptyset$ ，有 $n > i$ ，据 n 的定义知

$$d \cap F_{n-1} = \emptyset, \quad d \cap F_n \ne \emptyset.$$

于是有下列二事实

(i) 因 $\emptyset \ne d \cap F_n = (d \cap d_1) \cup \cdots \cup (d \cap d_n), \quad d \cap d_n \ne \emptyset$;

(ii) 因 $d \subset G_{n-1}$, 有 $md \le k_{n-1} < 2md_n$.

由此可见， d 与 d_n 有公共点，且 d 的长度不超过 d_n 长度的两倍，故不论 d 的位置如何，有 $d \subset D_n$ ，即然 $n > i$ ，更有 $d \subset \bigcup_{k=i}^{\infty} D_k$, 从而 $x \in \bigcup_{k=i}^{\infty} D_k$ ，于是 (4) 得证.

定理的意义在于，虽然选出的序列 $d_1, d_2, \cdots$ 不一定覆盖住 E ，但就测度而言，盖不住的点集为一零测度集，在应用上，有时将定理写成下述方式为便.

推论 设 E 为有界集， $\mathscr{U}$ 依 Vitali 意义覆盖 E, 则对任意的 $\varepsilon > 0$, 可由 $\mathscr{U}$

中选出有限个互不相交的闭区间 $d_1, d_2, \cdots, d_n$, 使

$$m^*(E - \bigcup_{k=1}^{n} d_k) < \varepsilon$$

证: 因为 E 为有界集, 则取包含 E 的一个开区间 $\triangle = (a, b)$ 作为基本区间, 由于 $\mathscr{U}$ 依 Vitali 意义覆盖 E , 由 $\mathscr{U}$ 中除去一切不含于 (a, b) 内的那些 d 所得的集 $\mathscr{U}_0$ 仍然依 Vitali 意义覆盖 E , 由定理 1.1 , 在 $\mathscr{U}_0$ 中选取的闭区间 $\{d_k\}$ 满足 (1), 取自然数 $n = n(\varepsilon)$, 使 $\sum\limits_{k=n+1}^{\infty} md_k < \varepsilon$, 则

$$m^*(E - \bigcup_{k=1}^{n} d_k) \leq m^*(E - \bigcup_{k=1}^{\infty} d_k) + m^*(\bigcup_{k=n+1}^{\infty} d_k) < \varepsilon$$

引理 1.1 设 $f(x)$ 为 $[a, b]$ 上的严增函数, p 为非负常数, $E = \{x \in [a, b]$, 存在列导数$Df(x) \leq p\}$, 则

$$m^* f(E) \leq pm^* E \tag{1}$$

证: 任取常数 $p_0 > p$, 设 $x_0 \in E$, 则由列导数定义可知, 存在趋于 0 的数列 h_n , 适合

$$\lim_{n \to \infty} h_n^{-1}[f(x_0 + h_n) - f(x_0)] = Df(x_0) < p_0 \tag{2}$$

另一方面, 对于任意的 $\varepsilon > 0$, 取开集 G , 满足

$$E \subset G, mG < m^* E + \varepsilon \tag{3}$$

引入记号

$$d_n(x_0) = [x_0, x_0 + h_n], \triangle_n(x_0) = [f(x_0), f(x_0 + h_n)]$$

它们都是闭区间, 这里假定 $h_n > 0$, 当 $h_n < 0$ 时, 例如 $d_n(x_0)$, 应写为 $[x_0 + h_n, x_0]$, 但由于恒可得一子序列 $\{h_{n_k}\}$, 具同一符号, 使 (2) 成立, 故不妨设就一切 $h_n > 0$ 而论.

由于 $f(x)$ 为增函数， $f[d_n(x_0)] \subset \triangle_n(x_0)$ ，既然 $md_n(x_0) \to 0, (n \to \infty)$ ，且 G 为开集，故对一切充分大的 n ，有

$$d_n(x_0) \subset G, h_n^{-1}[f(x_0 + h_n) - f(x_0)] < p_0.$$

必要时可以从 $\{h_n\}$ 中去掉有限项不论，因而不妨假定上述两个关系式对一切 n 同时成立，于是有

$$m\triangle_n(x_0) < p_0 md_n(x_0).$$

由此可见， $m\triangle_n(x_0) \to 0, (n \to \infty)$, 这样，闭区间集 $\{\triangle_n(x) : x \in E\}$ 依 Vitali 意义覆盖 $f(E)$ ，据定理 1.1 可取互不相交的区间列 $\{\triangle_{n_i}(x_i)\}$ 使

$$m[f(E) - \bigcup_i \triangle_{n_i}(x_i)] = 0$$

从而有

$$\begin{aligned} m^* f(E) &\leq \sum_i m\triangle_{n_i}(x_i) < p_0 \sum_i md_{n_i}(x_i) \\ &= p_0 m(\bigcup_i d_{n_i}(x_i)) \end{aligned}$$

由于 $\bigcup d_{n_i}(x_i) \subset G$, 再据 (3) 得

$$m^* f(E) < p_0 mG < p_0(m^* E + \varepsilon)$$

令 $\varepsilon \to 0, p_0 \to p$ 即得 (1).

注：引理中 $f(x)$ 的严增性是为了保证 $d_n(x_0)$,$\triangle_n(x_0)$ 等不全为 0.

引理 1.2 设 $f(x)$ 为 $[a, b]$ 上的严增函数， $q \geq 0$ 为常数，令 $E = \{x \in [a, b] : \text{存在列导数} Df(x) \geq q\}$ ，则

$$m^* f(E) \geq qm^* E$$

证：因 $y = f(x)$ 为 $[a, b]$ 上的严增函数，逆映射 $x = f^{-1}(y)$ 便是 $[f(a), f(b)]$ 的子集 $f([a, b])$ 到 $[a, b]$ 上的严增函数，不妨设 $q > 0$ ，对于 $y_0 = f(x_0) \in f(E)$,

因为存在 $h_n \neq 0$, 使

$$Df(x_0) = \lim_{n\to\infty} h_n^{-1}[f(x_0+h_n) - f(x_0)] \geq q$$

取 $k_n = f(x_0+h_n) - f(x_0)$ ，则

$$\begin{aligned} & \lim_{n\to\infty} k_n^{-1}[f^{-1}(y_0+k_n) - f^{-1}(y_0)] \\ = & \lim_{n\to\infty} \frac{(x_0+h_n)-x_0}{f(x_0+h_n)-f(x_0)} = \frac{1}{Df(x_0)} \leq \frac{1}{q} \end{aligned}$$

于是据引理 1.1, 有

$$m^*E \leq m^*f^{-1}(f(E)) \leq q^{-1}m^*f(E).$$

从而

$$m^*f(E) \geq qm^*E.$$

定理 1.2 设 $f(x)$ 为 $[a,b]$ 上定义的单调函数，则它在 $[a,b]$ 上几乎处处有有限导数。

证: 只须就增函数证明. 第一步，先证 $f(x)$ 的有限或无穷大导数几乎处处存在，不妨设 $f(x)$ 为严增函数，这是因为如果作 $g(x) = f(x) + x$ ，则 $g(x)$ 为严增函数，且 g 与 f 的可微性相同.

设 E 为使导数 $f'(x)$ 不存在的点集，则对 E 中任一点 x_0, 有相异列导数 $D_1f(x_0)$ 与 $D_2f(x_0)$, 不妨设 $D_1f(x_0) < D_2f(x_0)$, 那么有两个有理数 p, q, 适合

$$D_1f(x_0) < p < q < D_2f(x_0).$$

令 E_{pq} 表示满足上述关系式的一切点 x_0 所成的集，不难看出， $E = \bigcup\limits_{p,q} E_{pq}$, 这里求和记号表示对一切有理数偶 (p,q) 而言，其中 $p < q$ ，如能证明每个 E_{pq} 为零测度集，则因 $\{E_{pq}\}$ 可列，它的并也是零测度集，即 $mE = 0$ ，应用引理 1.1

与 1.2，立即得

$$qm^*E_{pq} \le m^*f(E_{pq}) \le pm^*E_{pq}$$

由于 $q > p$，故有 $m^*E_{pq} = 0$，因而 $mE = 0$ 得证.

第二步，我们证明 $E_0 = E(f' = \infty)$ 的测度为 0，就是说，使 f 有无穷大导数的点集是零测度集，与第一步一样，只须就严增函数 $f(x)$ 来证，对每个自然数 n，有 $Df(x) \ge n (x \in E_0)$，故由引理 1.2, 有 $m^*f(E_0) \ge n \cdot m^*E_0$, 但 $m^*f(E_0) \le f(b) - f(a)$, 因而

$$m^*E_0 \le \frac{1}{n}[f(b) - f(a)]$$

令 $n \to \infty$, 得 $mE_0 = 0$.

这样，由第一步证明，知 $f'(x)$ 几乎处处存在为有限或无穷大，再由第二步证明知，$f'(x)$ 几乎处处存在为有限，定理得证.

定理 1.3 设 $f(x)$ 是区间 $[a, b]$ 上定义的增函数，则 $f'(x)$ 可积，且有

$$\int_{[a,b]} f'(x)dm \le f(b) - f(a)$$

证: 不失一般性，可扩大定义区间 $[a, b]$ 为 $[a, b+1]$, 并用 $\widetilde{f}$ 代替 f 来讨论，这里

$$\widetilde{f}(x) = \begin{cases} f(x), & a \le x \le b \\ f(b), & b < x \le b+1 \end{cases}$$

这是因为，f 与 $\widetilde{f}$ 的导数的可积性相同，且当可积时，各自定义区间上的积分值也相同.

据定理 1.2，知 $\widetilde{f}$ 几乎处处存在有限导数，且单调函数显然可测，据第三章定理 1.2，知

$$\widetilde{f}'(x) = \lim_{n\to\infty} n\{\widetilde{f}(x + \frac{1}{n}) - \widetilde{f}(x)\}$$

也可测，序列 $\{n[\widetilde{f}(x+\frac{1}{n})-\widetilde{f}(x)]\}$ 是非负的，据定理 3.3，有

$$\int_{[a,b]}\widetilde{f}'(x)dm \le \varliminf_{n\to\infty} n\int_{[a,b]}[\widetilde{f}(x+\frac{1}{n})-\widetilde{f}(x)]dm$$

由于单调函数 (有界) 为 Riemann 可积，因而 Lebesgue 可积，上式右边积分化为 Riemann 积分，简单的平移变换给出

$$\int_a^b \widetilde{f}(x+\frac{1}{n})dx = \int_{a+\frac{1}{n}}^{b+\frac{1}{n}}\widetilde{f}(x)dx$$

因而

$$\begin{aligned}
&\int_{[a,\,b]}[\widetilde{f}(x+\frac{1}{n})-\widetilde{f}(x)]dm = \int_a^b[\widetilde{f}(x+\frac{1}{n})-\widetilde{f}(x)]dx \\
= &\int_b^{b+\frac{1}{n}}\widetilde{f}(x)dx - \int_a^{a+\frac{1}{n}}\widetilde{f}(x)dx = \frac{1}{n}f(b) - \int_a^{a+1/n}\widetilde{f}(x)dx \\
\le &\frac{1}{n}[f(b)-f(a)]
\end{aligned}$$

从而得到

$$\int_{[a,b]}\widetilde{f}\,'(x)dm \le f(b)-f(a)$$

5.2 有界变差函数与绝对连续函数

定义 2.1 设 $f(x)$ 是区间 $[a,b]$ 上的有限函数，考察区间 $[a,b]$ 的任一组分点

$$a=x_0<x_1<x_2<\cdots<x_n=b.$$

当分点变动时，定义

$$\sup_{(x_0,x_1,\cdots,x_n)}\sum_{k=1}^{n}|f(x_k)-f(x_{k-1})|$$

为 $f(x)$ 在 $[a,b]$ 上的总变分，记为 $\bigvee_a^b(f)$，若 $\bigvee_a^b(f)<\infty$，称 $f(x)$ 在 $[a,b]$ 上是有界变差的 (或囿变的).

显然, 若 $f(x)$ 是 $[a,b]$ 上的有界变差函数, 则它在任一子区间 $[a,t](a \le t \le b)$ 也是有界变差的，我们令

$$\pi(x) = \bigvee_a^x (f), a < x \le b, \pi(a) \doteq 0$$

则 $\pi(x)$ 是 $[a,b]$ 上非负有限函数.

引理 2.1　$\pi(x)$ 满足有限可加性:

$$\bigvee_a^b (f) = \bigvee_a^c (f) + \bigvee_c^b (f), a < c < b$$

证 考察区间 $[a,c]$ 与 $[c,b]$ 的任意分点组:

$$a = x_0 < x_1 < \cdots < x_n = c$$

$$c = y_0 < y_1 < \cdots < y_m = b.$$

显然有

$$\sum_{k=1}^n |f(x_k) - f(x_{k-1})| + \sum_{l=1}^m |f(y_l) - f(y_{l-1})| \le \bigvee_a^b (f)$$

在上式中先令 x_k 等变动，再令 y_l 等变动，依次取上确界，便得

$$\bigvee_a^c (f) + \bigvee_c^b (f) \le \bigvee_a^b (f)$$

另一方面，对于任意的 $\varepsilon > 0$, 存在分点组

$$a = z_0 < z_1 < \cdots < z_q = b.$$

使

$$\sum_{j=1}^q |f(z_j) - f(z_{j-1})| > \bigvee_a^b (f) - \varepsilon$$

如果分点组 $\{z_j\}$ 中不含有点 c，我们将 c 添进分点组 $\{z_j\}$ 中去，例如说，c 介于 z_r 与 z_{r+1} 之间，$z_r < c < z_{r+1}, r \le q-1$，那么由

$$\left\{ \sum_{j=1}^r |f(z_j) - f(z_{j-1})| + |f(c) - f(z_r)| \right\} +$$

$$\begin{aligned}&\left\{|f(z_{r+1})-f(c)|+\sum_{j=r+2}^{q}|f(z_j)-f(z_{j-1})|\right\}\\&\geq \sum_{j=1}^{q}|f(z_j)-f(z_{j-1})|>\bigvee_a^b(f)-\varepsilon\end{aligned}$$

可知

$$\bigvee_a^c(f)+\bigvee_c^b(f)>\bigvee_a^b(f)-\varepsilon$$

由于 ε 是任意的，得

$$\bigvee_a^c(f)+\bigvee_c^b(f)\geq\bigvee_a^b(f)$$

从而证明了引理.

有界变差函数在应用上是十分重要的一类函数，容易证明，有界变差函数关于线性运算是封闭的，此外，一个有界变差函数的绝对值函数也是有界变差的，单调函数显然是有界变差的，有界变差函数与单调函数有密切关系.

定理 2.1 $[a,b]$ 上定义的函数 $f(x)$ 是有界变差的充要条件是，它可以表示成两个单调函数的差.

证：充分性是显然的，只证必要性．设 $f(x)$ 是囿变函数，引进上面定义的 $\pi(x)=\bigvee_a^x(f)$, 我们证明 $\pi(x)$ 是单调增函数，事实上，当 $\alpha<\beta$ 时，据所证引理 2.1

$$\bigvee_a^\alpha(f)+\bigvee_\alpha^\beta(f)=\bigvee_a^\beta(f)$$

由于显然 $\bigvee_\alpha^\beta(f)\geq 0$, 故 $\bigvee_a^\alpha(f)\leq\bigvee_a^\beta(f)$, 即 $\pi(\alpha)\leq\pi(\beta)$.

令 $\nu(x)=\pi(x)-f(x)$, 则可证 $\nu(x)$ 也是增函数，其实，当 $\alpha<\beta$ 时，有

$$\nu(\beta)-\nu(\alpha)=\pi(\beta)-\pi(\alpha)-[f(\beta)-f(\alpha)]=\bigvee_\alpha^\beta(f)-[f(\beta)-f(\alpha)]$$

右边第一项是 f 在 $[\alpha,\beta]$ 上的总变分，故

$$|f(\beta)-f(\alpha)| \leq \bigvee_{\alpha}^{\beta}(f)$$

于是 $\nu(\beta)-\nu(\alpha)\geq 0$ ，即证明了 $\upsilon(x)$ 是增函数，这样我们得到定理中所需的分解： $f(x)=\pi(x)-\nu(x),\pi,\nu$ 均为增函数.

定义 2.2 设 $f(x)$ 是 $[a,b]$ 上定义的有限增函数，则它的不连续点集至多可列 (第一章习题 7) ，用 $\{\xi_k\}$ 表示 f 在区间 (a,b) 内不连续点集，令

$$s(x)=\begin{cases} f(a+0)-f(a)+\sum\limits_{a<\xi_k<x}\{f(\xi_k+0)-f(\xi_k-0)\}+f(x)-f(x-0), & a<x\leq b \\ 0, & x=a \end{cases}$$

我们称 $s(x)$ 为 $f(x)$ 的跳跃函数，称 $f(\xi_k+0)-f(\xi_k-0)$ 为 $f(x)$ 在 ξ_k 的跃度.

定理 2.2 定义于 $[a,b]$ 上的增函数 $f(x)$ 可分解为一个连续增函数与 $f(x)$ 的跳跃函数之和.

证：设 $\varphi(x)=f(x)-s(x)$, 这里 $s(x)$ 是 $f(x)$ 的跳跃函数，我们证明 $\varphi(x)$ 是连续增函数.

其实，为证 $\varphi(x)$ 是增函数，设 $x_1<x_2$, $x_1,x_2\in[a,b]$, 据 $s(x)$ 的定义得

$$s(x_2)-s(x_1)\leq f(x_2)-f(x_1) \tag{1}$$

即 $\varphi(x_1)\leq\varphi(x_2)$.

再证 $\varphi(x)$ 的连续性，在 (1) 中固定 x_1, 令 $x_2\to x_1$ ，得

$$s(x_1+0)-s(x_1)\leq f(x_1+0)-f(x_1),$$

即 $\varphi(x_1)\leq\varphi(x_1+0)$ ，另一方面，据 $s(x)$ 的定义即得

$$f(x_1+0)-f(x_1)\leq s(x_2)-s(x_1)$$

令 $x_2\to x_1$ 得

$$f(x_1+0)-f(x_1)\leq s(x_1+0)-s(x_1)$$

即 $\varphi(x_1+0) \leq \varphi(x_1)$ ，因此得到 $\varphi(x_1+0) = \varphi(x_1)$, 类似地可证明 $\varphi(x_1-0) = \varphi(x_1)$, 故 $\varphi(x)$ 在 x_1 连续，由于 x_1 是任意的， $\varphi(x)$ 便在 $[a,b]$ 上处处连续.

我们可以借用单调函数来了解有界变差函数，例如，有界变差函数的不连续点集至多可列，有界变差函数几乎处处存在有限导数，并且它的导函数是可积的.

例 1：设 $f(x)$ 是 $[a,b]$ 上处处可微的函数，而且导数有界， $|f'(x)| \leq M$,M 为常数，试证 $f(x)$ 是有界变差函数.

证：对于区间 $[a,b]$ 的任一组分点

$$a = x_0 < x_1 < \cdots < x_n = b,$$

我们来考察和

$$\sigma = \sum_{k=1}^{n} |f(x_k) - f(x_{k-1})|$$

应用微分中值定理，对每个 $k \in \{1,2,\cdots,n\}$ 有 $\xi_k \in (x_{k-1}, x_k)$ ，使

$$\begin{aligned} & |f(x_k) - f(x_{k-1})| = |f'(\xi_k)(x_k - x_{k-1})| \\ \leq \quad & |f'(\xi_k)||x_k - x_{k-1}| \leq M|x_k - x_{k-1}| \end{aligned}$$

从而

$$\sigma \leq \sum_{k=1}^{n} (x_k - x_{k-1})|f'(\xi_k)| \leq M(b-a)$$

所以 $\bigvee_a^b(f) < +\infty$ ，这表明 $f(x)$ 是有界变差函数.

例 2：在区间 $[0,1]$ 上定义函数

$$f(x) = \begin{cases} x\cos\frac{\pi}{x}, & 0 < x \leq 1 \\ 0, & x = 0 \end{cases}$$

它是连续的，我们证明它不是有界变差的.

证：考察 [0, 1] 的特殊分点组

$$0<\frac{1}{n-1}<\frac{1}{n-2}<\cdots<\frac{1}{2}<1$$

我们有

$$f(\frac{1}{k})=\frac{1}{k}\cos k\pi=(-1)^k\frac{1}{k}, k=1,2,\cdots,n-1$$

从而对这一分点组

$$\begin{aligned}\sigma &= \sum_{k=1}^{n-2}\left|f(\frac{1}{k})-f(\frac{1}{k+1})\right|+\left|f(0)-f(\frac{1}{n-1})\right| \\ &= \sum_{k=1}^{n-2}(\frac{1}{k}+\frac{1}{k+1})+\frac{1}{n-1}=2\sum_{k=1}^{n-1}\frac{1}{k}-1\end{aligned}$$

由于 $\sum\limits_{k=1}^{n-1}\frac{1}{k}\to\infty(n\to\infty)$ 可见 $\bigvee\limits_0^1(f)=\infty$，即 $f(x)$ 在 [0, 1] 不是有界变差函数.

如果注意到例 2 中函数的导数为

$$f'(x)=\frac{\pi}{x}\sin\frac{\pi}{x}+\cos\frac{\pi}{x}, 0<x\leq 1$$

它不是区间 $(0,1)$ 上的 (L) 可积函数，立即知道 f 本身不是有界变差的.

现在我们对有界变差函数 $f(x)(a\leq x\leq b)$ 进行另一种分解，设 $f(x)=\pi(x)-\nu(x)$，这里 $\pi(x)$， $\nu(x)$ 均为增函数，它们的不连续点全体至多一可列集，用 $\{\xi_k\}$ 表示它，与以前相仿，令 $s_\pi(x)$ 为对于 $\pi(x)$ 作出的跳跃函数，只是要注意，这里的 $\{\xi_k\}$ 不只是 $\pi(x)$ 的不连续点集，而是 $\pi(x)$ 与 $\nu(x)$ 两者的不连续点集的并，这样

$$s_\pi(x)=\begin{cases}\pi(a+0)-\pi(a)+\sum\limits_{a<\xi_k<x}\{\pi(\xi_k+0)-\pi(\xi_k-0)\}+\pi(x)-\pi(x-0), a<x\leq b\\ 0, \qquad x=a\end{cases}$$

$s_v(x)$ 也有类似的构造.

令 $s(x)=s_\pi(x)-s_\nu(x)$ ，则

$$s(x)=\begin{cases} f(a+0)-f(a)+\sum\limits_{a<\xi_k<x}\{f(\xi_k+0)-f(\xi_k-0)\}+f(x)-f(x-0), a<x\le b \\ 0, \qquad x=a \end{cases}$$

并称它为 $f(x)$ 的跳跃函数，这时，$\{\xi_k\}$ 可看成仅由 $f(x)$ 的不连续点所组成，因为在 $f(x)$ 的连续点处，相应的跃度消失.

由于 $\pi(x)-s_\pi(x)$ ，$\nu(x)-s_\nu(x)$ 均为连续增函数，故

$$\varphi(x)=\pi(x)-s_\pi(x)-[\nu(x)-s_\nu(x)]=f(x)-s(x)$$

为一连续的有界变差函数, 这样, 我们得到有界变差函数的连续——跳跃分解: $f(x)=\varphi(x)+s(x)$ ，其中 $\varphi(x)$ 为连续的有界变差函数，而 $s(x)$ 为 $f(x)$ 的跳跃函数，将所得结果叙述为

定理 2.3 在闭区间上定义的有界变差函数恒可表示为它的跳跃函数与一个连续有界变差函数的和.

下面讨论原函数问题，这是微积分基本问题之一，设 $f(x)$ 是定义在 $[a,b]$ 上的函数，它在区间上几乎处处有导数 $f'(x)$ ，问公式

$$\int_{[a,x]} f'(t)dm=f(x)-f(a)(a\le x\le b)$$

是否成立？我们要研究上述等式成立的条件，下面将看到，应用 Lebesgue 积分概念，可以完满地解决这个问题.

设给定了可积函数 g ，我们令

$$f(x)=C+\int_{[a,x]} g(t)dm, \quad a\le x\le b$$

那么，$f(x)$ 成为一个可积函数的不定积分，由于 C 是常数，$f(x)$ 的性质将由第二项决定，$f(x)$ 显然连续，进而有更好的性质.

定义 2.3 设 $[a_1,b_1],[a_2,b_2],\cdots,[a_n,b_n]$ 表示 $[a,b]$ 中任意有限个互不相叠的区间所成的集，如果当 $m(\bigcup\limits_{k=1}^{n}[a_k,b_k])\to 0$ 时，有

$$\sum_{k=1}^{n}|f(b_k)-f(a_k)|\to 0$$

则称 $f(x)$ 在 $[a,b]$ 上为绝对连续函数。

容易证明，绝对连续函数在基本运算和、差、积、商 (除函数不取零值) 下是封闭的.

引理 2.3 在 $[a,b]$ 上定义的绝对连续函数 $f(x)$ 是有界变差的。

证: 据定义,取 $\varepsilon=1$,存在 $\delta_1>0$,使当 $[a,b]$ 中互不相叠的区间 $[a_1,b_1],[a_2,b_2],\cdots,[a_n,b_n]$ 的长度之和小于 δ_1 时有

$$\sum_{k=1}^{n}|f(b_k)-f(a_k)|<1.$$

用分点组

$$a=x_0<x_1<x_2<\cdots<x_{N_1}=b$$

分划区间 $[a,b]$，使 $x_k-x_{k-1}<\delta_1$， $k\in\{1,2,\cdots,N_1\}$，那么，容易看出对于每个 $k\in\{1,2,\cdots,N_1\}$，有

$$\bigvee_{x_{k-1}}^{x_k}(f)\le 1,\quad 从而\bigvee_{a}^{b}(f)\le N_1.$$

引理得证.

下面例子表明，引理 2.3 中的区间 $[a,b]$ 改为无穷区间时，结论不再成立.

例 3：设 $f(x)=\cos x,-\infty<x<\infty$.

$f(x)=\cos x$ 是绝对连续的，这是由于对 $(-\infty,\infty)$ 中任意有限个互不相叠

的区间 $[a_1,b_1],[a_2,b_2],\cdots,[a_n,b_n]$，有

$$\sum_{k=1}^{n}|f(b_k)-f(a_k)|\leq\sum_{k=1}^{n}(b_k-a_k)$$

它随 $\sum\limits_{k=1}^{n}(b_k-a_k)$ 趋于 0 而趋于 0，但这函数不是有界变差的，取 $x_k=k\pi$，$k=1,2,\cdots,n,n+1$，我们有

$$\sum_{k=2}^{n+1}|f(x_k)-f(x_{k-1})|=2n$$

因此 $\bigvee\limits_{-\infty}^{\infty}(f)=+\infty$.

在 $[a,b]$ 上的绝对连续函数既然是有界变差的，所以它的导数几乎处处存在为有限且导函数是可积的，在引进关于原函数的定理之前，先建立两条引理.

引理 2.4 设在 $[a,b]$ 上的绝对连续函数 $f(x)$ 的导函数 $f'(x)$ 几乎处处为零，则 $f(x)$ 为常数.

证：任取 $\varepsilon>0$，由于 $f(x)$ 绝对连续，存在 $\delta>0$，使对 $[a,b]$ 中任意有限个互不相叠的区间 $[a_1,b_1],\cdots,[a_r,b_r]$，只要 $m(\bigcup\limits_{k=1}^{r}[a_k,b_k])<\delta$，就有

$$\sum_{k=1}^{r}|f(b_k)-f(a_k)|<\varepsilon \tag{1}$$

令 E 为 (a,b) 中使 $f'(x)=0$ 的点集，则据假设，$mE=b-a$，对 E 中每一点 x，只须 $h>0$ 充分小，就有

$$\left|h^{-1}[f(x+h)-f(x)]\right|<\varepsilon \tag{2}$$

于是闭区间集 $\{[x,x+h]:x\in E,h>0\text{且满足}(2)\}$，依 Vitali 意义覆盖 E，据 Vitali 引理的推论，对上述 $\delta>0$，有有限个互不相交的区间

$$\begin{aligned}d_1&=[x_1,x_1+h_1],\\d_2&=[x_2,x_2+h_2],\\&\cdots\cdots\\d_n&=[x_n,x_n+h_n]\end{aligned}$$

使 $m(E-\bigcup\limits_{k=1}^{n}d_k)<\delta$，从而得知 $\sum\limits_{k=1}^{n}md_k>b-a-\delta$, 由此顺便得到，由 $[a,b]$ 减去 $\bigcup\limits_{k=1}^{n}d_k$ 所得差集 (有限个区间的并) 的测度小于 δ，为确定起见，不妨假定 $x_1<x_2<\cdots<x_n$ (必要时可重新编序而使此不等式成立) 于是由 (1) 得

$$\sigma_1=|f(x_1)-f(a)|+\sum_{k=1}^{n-1}|f(x_{k+1})-f(x_k+h_k)|+|f(b)-f(x_n+h_n)|<\varepsilon$$

另一方面，因 x_k 等全含在 E 中，据 (2) 得

$$|f(x_k+h_k)-f(x_k)|<\varepsilon h_k,\ k=1,2,\cdots,n$$

从而

$$\sigma_2=|\sum_{k=1}^{n}\{f(x_k+h_k)-f(x_k)\}|<\varepsilon\sum_{k=1}^{n}h_k\leq\varepsilon(b-a)$$

于是

$$|f(b)-f(a)|\leq\sigma_1+\sigma_2<\varepsilon(1+b-a)$$

由于 ε 可任意小，必然有 $f(b)=f(a)$, 将所得结果应用于区间 $[a,x]$ 上便得 $f(x)=f(a)(a<x\leq b)$，这样，$f(x)$ 为常数，引理得证.

引理 2.5 设 $g(x)$ 为区间 $[a,b]$ 上的可积函数，则函数

$$f(x)\equiv C+\int_{[a,x]}g(t)dm,\ x\in[a,b],\ C\text{为常数}$$

的导数几乎处处存在，且有 $f'(x)\sim g(x)$.

证: 第一步，先证 $f(x)$ 为绝对连续的，对任意的 $\varepsilon>0$, 据积分的绝对连续性，存在 $\delta>0$ (假定 $\delta\leq\varepsilon$)，使当 $me<\delta(e\subset[a,b])$ 时，有

$$\int_e|g(t)|dm<\varepsilon \tag{1}$$

设 $[a_1,b_1],[a_2,b_2],\cdots,[a_n,b_n]$ 是 $[a,b]$ 中任意互不相叠的区间集，据积分的

可加性，可得

$$\sum_{k=1}^{n}|f(b_k)-f(a_k)|\leq\int_{\bigcup\limits_{k=1}^{n}(a_k,b_k)}|g(t)|dm$$

因而当 $m(\bigcup\limits_{k=1}^{n}(a_k,b_k))<\delta$ 时，有 $\sum\limits_{k=1}^{n}|f(b_k)-f(a_k)|<\varepsilon$, 即 f 是绝对连续的，由于绝对连续函数是有界变差，知 $f(x)$ 的导数几乎处处存在且有限.

第二步，我们证明 $f'(x)\sim g(x),x\in[a,b]$, 首先证明，在 $[a,b]$ 上几乎处处有 $f'(x)\leq g(x)$.

令 E_{pq} 为 $[a,b]$ 中使 $f'(x)$ 存在且满足 $f'(x)>q>p>g(x)$ 的点集，我们证明 $mE_{pq}=0$.

对上面取定的 δ, 取开集 G 使

$$E_{pq}\subset G\subset[a,b],\quad 而\quad mG<mE_{pq}+\delta \tag{2}$$

据 E_{pq} 的定义，对每个 $x\in E_{pq}$, 当 $h>0$ 充分小时，有

$$h^{-1}[f(x+h)-f(x)]>q \tag{3}$$

且因 G 为开集，可设上述 h 全部满足 $[x,x+h]\subset G$, 这样，闭区间集

$$\{[x,x+h]:x\in E_{pq}\}$$

依 Vitali 意义覆盖 E_{pq} ，据 Vitali 引理，存在互不相交的区间的并集 $S=\bigcup\limits_{k}[x_k,x_k+h_k]$ ，使 $m(E_{pq}-S)=0$ ，这时据 (3)，对每个 k 有

$$\frac{1}{h_k}\int_{(x_k,x_k+h_k)}g(t)dm>q$$

从而

$$\int_S g(t)dm>qmS \tag{4}$$

分两种情况讨论，如果 $q\geq0$ ，注意到 $mE_{pq}\leq mS$, 有 $\int_S g(t)dm>qmE_{pq}$ ；如果 $q<0$, 注意到 $S\subset(S-E_{pq})\cup E_{pq}\subset(G-E_{pq})\cup E_{pq}$, 有

$$mS < \delta + mE_{pq} \leq \varepsilon + mE_{pq}$$

从而由 (4)，

$$\int_S g(t)dm > q(mE_{pq} + \varepsilon),$$

因此，不论 q 的符号如何，有

$$\int_S g(t)dm > qmE_{pq} - |q|\varepsilon \tag{5}$$

另一方面，由于 $m(S - E_{pq}) \leq m(G - E_{pq}) < \delta$, 应用 (1) 得

$$\int_{S-E_{pq}} g(t)dm < \varepsilon$$

从而

$$\int_S g(t)dm < \int_{E_{pq}} g(t)dm + \varepsilon \leq pmE_{pq} + \varepsilon \tag{6}$$

联合 (5)，(6) 即得

$$-|q|\varepsilon + qmE_{pq} < pmE_{pq} + \varepsilon$$

由于 ε 可以任意小，必然有 $qmE_{pq} \leq pmE_{pq}$, 但 $q > p$, 故 $mE_{pq} = 0$。

设 E 为 (a,b) 中使 $f'(x)$ 存在且满足 $f'(x) > g(x)$ 的点集，令 (p,q) 表示任意的有理数偶，且 $p < q$，那么有 $E = \bigcup\limits_{(p,q)} E_{pq}$，据已证事实，每个 E_{pq} 为零测度集，因而作为可列个零测度集的并，有 $mE = 0$, 这就证明了在 $[a,b]$ 上几乎处处有 $f'(x) \leq g(x)$.

为得到相反的不等式, 令 $\varphi(x) = -f(x)$, 并应用已证结果于 $\varphi(x)$, 得 $\varphi'(x) \leq -g(x)$ 或 $f'(x) \geq g(x)$ 几乎处处成立，联合所得两结果便推出，$f'(x) = g(x)$ 几乎处处成立，引理得证.

据引理 2.4 与 2.5 立即可建立本节又一重要结果.

定理 2.4 在 $[a,b]$ 上定义的函数 $f(x)$ 为绝对连续的充要条件是，存在可积函数 $g(x)$ ，使等式

$$f(x)=f(a)+\int_{[a,x]}g(t)dm,\quad x\in[a,b]$$

成立.

证：充分性已在引理 2.5 的证明中讨论过，下面证明必要性.

设 $f(x)$ 是绝对连续函数，从而是有界变差函数，于是 $f'(x)$ 几乎处处存在且在 $[a,b]$ 上可积，令

$$\varphi(x)=f(a)+\int_{[a,x]}f'(t)dm,\quad x\in[a,b]$$

据引理 2.5 ， $\varphi'(x)\sim f'(x)$ ，即绝对连续函数 $\varphi(x)-f(x)$ 的导数对等于 0, 从而据引理 2.4 ， $\varphi(x)-f(x)=C,C$ 为常数，但 $\varphi(a)=f(a)$, 故 $f(x)$ 与 $\varphi(x)$ 处处相等. 即

$$f(x)=\varphi(x)=f(a)+\int_{[a,x]}f'(t)dm,\quad x\in[a,b]$$

这样，只须取 $g(x)$ 为 $f'(x)$ 就行了.

由所证定理可以看到积分与微分的联系，我们就原函数为绝对连续情形建立了 Newton Leibnitz 公式

$$\int_{[a,b]}f'(x)dm=f(b)-f(a).$$

定义 2.4 设 $r(x)$ 为 $[a,b]$ 上的连续有界变差函数, 不等于常数, 且 $r'(x)\sim 0$, 则称 $r(x)$ 为奇异函数.

我们以研究有界变差函数的进一步分解作为本节结束，设 $f_0(x)$ 为连续有

界变差函数，那么利用可积函数 $f_0'(x)$ ，可以作函数

$$\varphi(x)=f_0(a)+\int_{[a,x]}f_0'(t)dm,\quad x\in[a,b]$$

$\varphi(x)$ 与 $f_0(x)$ 不一定相等，但它们的差 $r(x)=f_0(x)-\varphi(x)$ 的导数却是对等于零的. 这个差显然是连续有界变差的，因而是一奇异函数或零，于是得到 $f_0(x)$ 的一种分解：

$$f_0(x)=\varphi(x)+r(x),\ r(a)=0$$

其中 $\varphi(x)$ 为绝对连续， $r(x)$ 为奇异函数或零，这种分解是惟一的，这是因为若有另一表示

$$f_0(x)=\varphi_1(x)+r_1(x),\ r_1(a)=0$$

$\varphi_1(x)$ 为绝对连续， $r_1(x)$ 为奇异函数或零，则得

$$\varphi(x)-\varphi_1(x)=r_1(x)-r(x),$$

由引理可知，绝对连续函数 $\varphi(x)-\varphi_1(x)$ 的导数对等于 0, 故 $\varphi(x)-\varphi_1(x)$ 为常数，但 $\varphi(a)=\varphi_1(a)$ ，故 $\varphi(x)\equiv\varphi_1(x)$, 从而又推出 $r_1(x)=r(x)$.

根据上述讨论并利用有界变差函数的分解定理，即得

定理 2.5 定义在区间 $[a,b]$ 上的有界变差函数可以分解为

$$f(x)=\varphi(x)+r(x)+s(x)$$

其中 $\varphi(x)$ 为绝对连续， $r(x)$ 为奇异函数或零，而 $s(x)$ 为 $f(x)$ 的跳跃函数.

显然，当 $f(x)$ 连续时， $s(x)$ 消失；当 $f(x)$ 绝对连续时， $r(x)$ 与 $s(x)$ 均消失.

习题五

1. 若函数 $f(x)$ 在 $[a,b]$ 上为绝对连续，且几乎处处存在非负导数，则 $f(x)$ 为增函数.

2. 证明，若函数 $f(x)$ 在 $[a,b]$ 上满足 1 阶的 Lipschitz 条件 (存在常数 L, 使得对任意的 $x,y\in[a,b]$，都有 $|f(x)-f(y)|\le L|x-y|$), 则 $f(x)$ 在 $[a,b]$ 上是绝对连续的，从而是有界变差的.

3. 设 $f(x)$ 是 $[a,b]$ 上的有界变差函数，且 $f(x)\ge c>0$, 证明 $\frac{1}{f(x)}$ 在 $[a,b]$ 上也是有界变差的.

4. 设 $\{f_n(x)\}$ 为 $[a,b]$ 上的有界变差函数列，$f_n(x)$ 收敛于一有限函数 $f(x)$, 且有 $\bigvee_a^b(f_n)\le K$, $(n\in\mathbf{N})$, 则 $f(x)$ 也是有界变差函数.

5. 若 $f(x)$ 在 $[a,b]$ 上可导，且存在常数 M, 使 $|f'(x)|\le M$, 证明：$f(x)$ 是 $[a,b]$ 上的绝对连续函数.

6. 证明：$f(x)$ 是 $[a,b]$ 上绝对连续函数的充分必要条件是 $\bigvee_a^x(f)$ 是绝对连续函数.

7. 设 $f(x)$ 在 $[0,a]$ 上是有界变差函数，试证明函数

$$F(x)=\frac{1}{x}\int_0^x f(t)dt,\ F(0)=0$$

是 $[0,a]$ 上的有界变差函数.

8. 设 $f(x)$ 是 $[a,b]$ 上的有界变差函数，证明函数 $f(x)$ 在点 $x_0\in[a,b]$ 连续的充分必要条件为函数 $\pi(x)=\bigvee_a^x(f)$ 在点 x_0 连续.

9. 设 $f(x)$ 是 $[a,b]$ 上的非负绝对连续函数，试证明 $f^p(x)(p>1)$ 是 $[a,b]$ 上的绝对连续函数.

10. 设 $g(x)$ 是 $[a,b]$ 上的绝对连续函数，$f(x)$ 在 $\mathbf{R}$ 上满足 Lipschitz 条件，试证明 $f(g(x))$ 是 $[a,b]$ 上的绝对连续函数.

第六章 $L^p(p \geq 1)$ 空间

作为 Lebesgue 积分理论的一个应用，本章介绍函数空间 $L^p(p \geq 1)$，它是泛函分析中赋范线性空间与内积空间最典型的例子.

6.1 $L^p(p \geq 1)$ 空间的概念

定义 1.1 (i) 设 $f(x)$ 是定义在 $E(\subset \mathbf{R})$ 上的可测函数，对于 $1 \leq p < +\infty$，若 $|f(x)|^p$ 可积，则称 f 是 p 次幂可积的， E 上一切 p 次幂可积的函数全体记为 $L^p(E)$ 或简记为 L^p，称为 L^p 空间，即

$$L^p = L^p(E) = \left\{ f : \int_E |f(x)|^p dm < +\infty \right\}$$

这时，记 $\|f\|_p = (\int_E |f(x)|^p dm)^{1/p}$ 为 L^p 中 f 的范数. 特别地， L^1 就是 E 上 Lebesgue 可积函数全体.

(ii) 设 $f(x)$ 是定义在 E 上的可测函数， $m(E) > 0$, 若存在实数 M, 使得 $|f(x)| \leq M \quad a.e.$, 则称 $f(x)$ 为本性有界的，对一切这样的 M 取下确界，记为 $\|f\|_\infty$，即

$$\|f\|_\infty = \inf\{M : |f(x)| \leq M, a.e.\}$$

记 L^∞ 为 E 上本性有界函数全体.

不难看出， $L^p(1 \leq p \leq +\infty)$ 空间有如下结论.

定理 1.1 (i) 设 $m(E) < +\infty, 1 \leq p_1 \leq p_2 \leq +\infty$, 则 $L^{p_2} \subset L^{p_1}$;

(ii) 设 $m(E) < +\infty$，则 $\lim\limits_{p \to +\infty} \|f\|_p = \|f\|_\infty$;

(iii) $\|f\|_\infty = \inf\limits_{me_0 = 0} \sup\limits_{x \in E - e_0} |f(x)|$.

证: 任取 $f \in L^{p_2}(E)$，所以

$$\int_E |f(x)|^{p_2} dm < +\infty$$

从而

$$\begin{aligned}\int_E |f(x)|^{p_1} dm &= \int_{E(|f|\geq 1)} |f(x)|^{p_1} dm + \int_{E(|f|<1)} |f(x)|^{p_1} dm \\ &\leq \int_E |f(x)|^{p_2} dm + \int_E dm < +\infty\end{aligned}$$

所以 $f \in L^{p_1}(E)$，从而 $L^{p_2}(E) \subset L^{p_1}(E)$，当 $p_2 = +\infty$ 时，$f \in L^{\infty}(E)$，存在 $e_0 \subset E, me_0 = 0$，存在 M，使 $|f(x)| \leq M, x \in E - e_0$，所以

$$\begin{aligned}\int_E |f(x)|^{p_1} dm &= \int_{E-e_0} |f(x)|^{p_1} dm + \int_{e_0} |f(x)|^{p_1} dm \\ &\leq M^{p_1} m(E - e_0) < +\infty\end{aligned}$$

所以 $f \in L^{p_1}(E)$.

(ii) 令 $M = \|f\|_\infty$, 则对任意非负的 $M' < M$,

$$A = \{x \in E : |f(x)| > M'\}$$

的测度大于 0, 由不等式

$$\|f\|_p \geq \Big(\int_A |f(x)|^p dm\Big)^{1/p} \geq M'\big(m(A)\big)^{1/p}$$

可知

$$\varliminf_{p\to\infty} \|f\|_p \geq M'$$

令 $M' \to M$，得

$$\varliminf_{p\to\infty} \|f\|_p \geq M$$

另一方面

$$\|f\|_p = (\int_E |f(x)|^p dm)^{1/p} \leq (\int_E M^p dm)^{1/p} = M(m(A))^{1/p}$$

从而

$$\overline{\lim_{p\to\infty}} \|f\|_p \leq M$$

所以

$$\lim_{p\to\infty} \|f\|_p = M = \|f\|_\infty$$

(iii) 对于每一个 $e_0 \subset E, me_0 = 0$，当 $x \in E - e_0$ 时,

$$|f(x)| \leq \sup_{x\in E-e_0} |f(x)|$$

所以

$$\|f\|_\infty \leq \sup_{x\in E-e_0} |f(x)|$$

关于 e_0 取下确界，得

$$\|f\|_\infty \leq \inf_{me_0=0} \sup_{x\in E-e_0} |f(x)|$$

另一方面，若 $|f(x)| \leq M, a.e., x \in E$, 所以

$$\sup_{x\in E-e_0} |f(x)| \leq M$$

所以

$$\inf_{me_0=0} \sup_{x\in E-e_0} |f(x)| \leq M$$

再关于 M 取下确界

$$\inf_{me_0=0} \sup_{x\in E-e_0} |f(x)| \leq \|f\|_\infty$$

从而

$$\inf_{me_0=0} \sup_{x\in E-e_0} |f(x)| = \|f\|_\infty$$

注：定理 1.1 中的 (i) 对于 $mE=+\infty$ 时不成立，例如 $E=(0,+\infty), f(x)=\frac{1}{1+x}$，则 $f\in L^p(p>1)$, 但 $f\overline{\in}L^1$.

定理 1.2 $L^p(E)\,(p\geq 1)$ 是一个线性空间.

证：设 $a,b\in\mathbf{R}$, $f,g\in L^p$，则

$$\int_E |af|^p dm = |a|^p \int E|f|^p dm < +\infty$$

因为 $|f+g|^p \leq 2^p(|f|^p+|g|^p)$, 所以

$$\int_E |f+g|^p dm \leq 2^p \int_E |f|^p dm + 2^p \int_E |g|^p dm < +\infty$$

从而 $af+bg\in L^p$，当 $p=+\infty$ 时，设 $f,g\in L^\infty(E)$, 我们有

$$|af(x)+bg(x)| \leq |a|\|f\|_\infty + |b|\|g\|_\infty < \infty,\ f,g\in L^\infty$$

从而

$$\|af(x)+bg(x)\|_\infty \leq |a|\|f\|_\infty + |b|\|g\|_\infty,\ f,g\in L^\infty$$

线性空间的其他性质对 L^p 显然满足，从而 $L^p(E)$ 是一个线性空间.

定义 1.2 设 $p,q>1$，若 $\frac{1}{p}+\frac{1}{q}=1$，则称 p,q 为一对共轭数，由于 $q=\frac{p}{p-1}$，若 $p=1$，规定 $q=+\infty$.

为了证明下面的 Hölder 不等式，我们用到下列引理：

引理 1.1 设 p,q 为共轭数，$1<p<+\infty$，a,b 均大于 0，则有

$$a^{1/p}b^{1/q} \leq \frac{a}{p}+\frac{b}{q}$$

证：对于 $0 < s \le 1$，先证不等式

$$x^s \le sx + 1 - s, \quad x \ge 1$$

令 $f(x) = x^s - sx - 1 + s$，则 $f(1) = 0$，而

$$f'(x) = sx^{s-1} - s = s(x^{s-1} - 1) \le 0$$

所以 $f(x)$ 在 $x \ge 1$ 上为单调递减，从而 $f(x) \le f(1) = 0$，即 $x^s \le sx + 1 - s$

令 $s = \frac{1}{p}$，则 $1 - s = \frac{1}{q}$，不妨设 $b \le a$，令 $x = \frac{a}{b}$，则有

$$(\frac{a}{b})^{1/p} \le \frac{1}{p}\frac{a}{b} + \frac{1}{q}$$

即

$$a^{1/p}b^{1/q} \le \frac{a}{p} + \frac{b}{q}$$

定理 1.3 (Hölder 不等式) 设 p, q 为共轭数，若 $f \in L^p(E), g \in L^q(E)$，则 $fg \in L^1(E)$，且

$$\|fg\|_1 \le \|f\|_p \|g\|_q \quad 1 \le p \le \infty$$

即

$$\int_E |f(x)g(x)|dm \le \left(\int_E |f(x)|^p dm\right)^{1/p} \left(\int_E |g(x)|^q dm\right)^{1/q}, \ 1 < p < \infty$$

及

$$\int_E |f(x)g(x)|dm \le \|g\|_\infty \int_E |f(x)|dm, \quad p = 1, \quad q = +\infty$$

证：当 $q = \infty$ 时，不等式显然成立.

当 $1 < p < +\infty$ 时，若 $\|f\|_p = 0$ 或 $\|g\|_q = 0$，则 $f(x)g(x) \sim 0$，不等式显然成立，当 $0 < \|f\|_p < +\infty, 0 < \|g\|_q < +\infty$ 时，由引理，令 $a = \frac{|f(x)|^p}{\|f\|_p^p}, b = \frac{|g(x)|^q}{\|g\|_q^q}$，

代入引理中的不等式得

$$\frac{|f(x)g(x)|}{\|f\|_p\|g\|_q} \le \frac{1}{p}\frac{|f(x)|^p}{\|f\|_p^p} + \frac{1}{q}\frac{|g(x)|^q}{\|g\|_q^q}$$

两边在 E 上积分，得

$$\|fg\|_1 \le \|f\|_p\|g\|_q$$

注 1: Hölder 不等式对 $\|f\|_p$ 或 $\|g\|_q = +\infty$ 时显然也成立.

注 2: 当 $p = q = 2$ 时， Hölder 不等式的一个重要特例就是 Schwartz 不等式，即

$$\int_E |f(x)g(x)|dm \le \left(\int_E |f(x)|^2 dm\right)^{1/2} \left(\int_E |g(x)|^2 dm\right)^{1/2}$$

定理 1.4 (Minkowski 不等式) 若 $f, g \in L^p(E)\,(1 \le p \le +\infty)$, 则

$$\|f+g\|_p \le \|f\|_p + \|g\|_p$$

证: 当 $p = 1$ 时，不等式显然成立，当 $p = +\infty$ 时，因为

$$|f(x)| \le \|f\|_\infty \quad a.e., \quad |g(x)| \le \|g\|_\infty \quad a.e.$$

所以有

$$|f(x) + g(x)| \le \|f\|_\infty + \|g\|_\infty \quad a.e.$$

从而有

$$\|f(x) + g(x)\|_\infty \le \|f\|_\infty + \|g\|_\infty$$

当 $1 < p < +\infty$ 时,

$$|f+g|^{p-1} = |f+g|^{p/q} \in L^q \quad \left(\frac{1}{p} + \frac{1}{q} = 1\right)$$

所以

$$
\begin{aligned}
&\int_E |f(x)+g(x)|^p dm \\
=&\int_E |f(x)+g(x)|^{p-1}|f(x)+g(x)|dm \\
\le&\int_E |f(x)+g(x)|^{p-1}|f(x)|dm+\int_E |f(x)+g(x)|^{p-1}|g(x)|dm \\
\le&(\int_E |f(x)+g(x)|^{(p-1)q}dm)^{1/q}(\int_E |f(x)|^p dm)^{1/p} \\
&+(\int_E |f(x)+g(x)|^{(p-1)q}dm)^{1/q}(\int_E |g(x)|^p dm)^{1/p} \\
=&\|f+g\|_p^{p/q}\|f\|_p+\|f+g\|_p^{p/q}\|g\|^p
\end{aligned}
$$

当 $\int_E |f+g|^p dm \neq 0$ 时，即得

$$
\|f+g\|_p \le \|f\|_p+\|g\|_p
$$

当 $\int_E |f+g|^p dm = 0$ 时，结论显然成立.

6.2 L^p 空间的收敛性

谈到收敛性，自然要谈到距离，我们知道对 $x, y \in \mathbf{R}$, 点 x, y 之间的距离为 $d(x,y)=|x-y|$ 它满足:

(i) $d(x,y)\ge 0$, 且 $d(x,y)=0 \Leftrightarrow x=y$(非负性);

(ii) $d(x,y)=d(y,x)$,(对称性);

(iii) $d(x,z)\le d(x,y)+d(y,z)$, (三角不等式).

其中 $x, y, z \in \mathbf{R}$, 对于一般的集合 X ，我们有下列距离空间的定义。

定义 2.1 设 X 为一非空集合，如果对于 X 中的任何两个元素 x, y, 均有一个确定的实数 $d(x,y)$ ，且满足下面三个条件:

(i) 非负性: $d(x,y)\ge 0$ ，且 $d(x,y)=0 \Leftrightarrow x=y$;

(ii) 对称性： $d(x,y)=d(y,x)$;

(iii) 三角不等式， $d(x,y)\le d(x,z)+d(z,y), z\in X$.

则称 d 是 X 上的距离，而称 X 是以 d 为距离的距离空间，记为 (X,d).

为了便于在 $L^p(E)$ 中引入距离，我们对 $L^p(E)$ 空间中的元素作一约定，当 $f,g\in L^p(E)$ ，且 $f\sim g$ ，我们认为 f 与 g 是 L^p 中的同一个元素，同时，$\|f\|_p=\|g\|_p$.

定理 2.1 对于 $f,g\in L^p(E)(1\le p\le +\infty)$ ，定义

$$d(f,g)=\|f-g\|_p$$

则 $(L^p(E),d)$ 是一个距离空间.

证: (i) 显然有 $d(f,g)\ge 0$ ，因为 $\|f-g\|_p=0\Leftrightarrow f\sim g$ ，即 f 与 g 是 $L^p(E)$ 中同一个元.

(ii) 显然 $d(f,g)=d(g,f)$

(iii) 由 Minkowski 不等式，我们有

$$\|f-g\|_p=\|f-h+h-g\|_p\le\|f-h\|_p+\|h-g\|_p \quad h\in L^p(E)$$

即 $d(f,g)\le d(f,h)+d(h,g)$.

有了距离，我们就可以考虑 $L^p(E)$ 中的收敛性问题了.

定义 2.2 设 $f_n\in L^p(E)(1\le p\le +\infty), n\in N$ ，若存在 $f\in L^p(E)$ ，使得

$$\lim_{n\to\infty} d(f_n,f)=\lim_{n\to\infty}\|f_n-f\|_p=0$$

则称 $\{f_n\}$ 依 $(L^p(E))$ 范数收敛于 f.

由定义 2.2，我们得到下面结论

(i) $\lim\limits_{n\to\infty}\|f_n-f\|_p=0, \lim\limits_{n\to\infty}\|f_n-g\|_p=0$ ，则 $f\sim g$.

这是因为 $\|f-g\|_p \leq \|f-f_n\|_p + \|f_n - g\|p \to 0$

(ii) 若 $\lim\limits_{n\to\infty} \|f_n - f\|_p = 0$, 则 $\lim\limits_{n\to\infty} \|f_n\|_p = \|f\|_p$ 。

这是因为 $|\|f_n\|_p - \|f\|_p| \leq \|f_n - f\|_p$

L^p 中 f_n 依范数收敛于 f 与 f_n 几乎处处收敛于 f 是两个不同的收敛概念，例如 $E=[0,1]$, $L^2(E)$ 中的函数列

$$f_n(x) = \begin{cases} n, & x \in (0, \frac{1}{n}) \\ 0, & x \in [\frac{1}{n}, 1], x = 0 \end{cases}, n \in \mathbf{N}$$

容易看出，当 $n \to \infty$ 时， $f_n(x) \to 0\,(x \in [0,1])$, 但是

$$\int_{[0,1]} |f_n(x) - f(x)|^2 dm = \int_{(0,\frac{1}{n})} n^2 dm = n \to +\infty$$

所以 f_n 在 $L^2(E)$ 中不依范数收敛于 $0 \equiv f(x)$, 这表明几乎处处收敛未必蕴含依范数收敛。另外，依范数收敛也未必蕴含几乎处处收敛，例如 $E=[0,1]$, $L^1(E)$ 的函数列

$$f_n(x) = \chi_{[\frac{i}{2^k}, \frac{i+1}{2^k}]}(x),\, n = 2^k + i, 0 \leq i < 2^k$$

例如 $f_1 = \chi_{[0,1]}, f_2 = \chi_{[0,\frac{1}{2}]}, f_3 = \chi_{[\frac{1}{2},1]}, \cdots, f_10 = \chi_{[\frac{2}{8},\frac{3}{8}]}, \cdots, f(x) \equiv 0$ ，则对于 $n = 2^k + i,\, 0 \leq i < 2^k$, 有

$$\int_{[0,1]} |f_n(x) - f(x)| dm = \int_{[\frac{i}{2^k}, \frac{i+1}{2^k}]} 1 dm = \frac{1}{2^k}$$

而当 $n \to \infty$ 时，有 $k \to \infty$ ，因此

$$\lim_{n\to\infty} \int_{[0,1]} |f_n(x) - f(x)| dm = 0$$

这说明 f_n 依 $L^1(E)$ 中范数收敛于 0. 但前面，我们已证明 f_n 不几乎处处收敛于 $f \equiv 0$.

定义 2.3 设 $f_n \in L^p(E)\,(1 \le p \le +\infty)$，若对于任意给定的 $\varepsilon > 0$, 存在 $N \in \mathbf{N}$，当 $n, m > N$ 时，有

$$\|f_m - f_n\|_p < \varepsilon$$

则称 $\{f_n\}$ 是 $L^p(E)$ 中的基本列 (或 Cauchy 列).

显然，若 f_n 依范数收敛于 f，则 f_n 是 $L^p(E)$ 中的基本列，这是因为

$$\|f_m - f_n\|_p \le \|f_m - f\|_p + \|f_n - f\|_p$$

下述定理表明 $L^p(E)$ 中的基本列也一定收敛于 $L^p(E)$ 中的某一元素，这一结论称为空间 $L^p(E)$ 空间的完备性.

定理 2.2 设 $f_n\,(n \in \mathbf{N})$ 是 $L^p(E)\,(1 \le p \le +\infty)$ 中的基本列，则存在 $f \in L^p(E)$，使得 $\|f_n - f\|_p \to 0 \quad (n \to \infty)$.

证：当 $p = +\infty$ 时，$f_n \in L^\infty(E)$，由于对于任意自然数 m, n，有

$$|f_m(x) - f_n(x)| \le \|f_m - f_n\|_\infty \quad a.e.$$

所以存在零测集 $E_{m,n}$，使得

$$|f_m(x) - f_n(x)| \le \|f_m - f_n\|_\infty \quad x \in E - E_{m,n} \tag{$*$}$$

作 $F = \bigcup\limits_{m,n} E_{m,n}$，则 $mF = 0$，且当 $x \in E - F$

$$|f_m(x) - f_n(x)| \le \|f_m - f_n\|_\infty$$

所以 $f_n(x)$ 是实数意义下的基本列，从而有 $f(x)$，使得

$$\lim_{n\to\infty} f_n(x) = f(x), \quad x \in E - F$$

由于对任意 $\varepsilon > 0$，存在 N，当 $m, n > N$ 时，有 $\|f_m - f_n\|_\infty < \varepsilon$，从而

$$|f_m(x) - f_n(x)| < \varepsilon, \quad m, n > N,\ x \in E - F$$

令 $m \to +\infty$，得

$$|f(x) - f_n(x)| \leq \varepsilon, n > N, x \in E - F$$

从而 $f \in L^{\infty}(E)$ 且 $\|f - f_n\|_{\infty} \leq \varepsilon(n > N)$.

当 $1 \leq p < +\infty$ 时，因为 f_n 为基本列，对于每个自然数 k，可选取自然数 n_k，使

$$\|f_{n_{k+1}} - f_{n_k}\|_p \leq \frac{1}{2^k} \quad k \in \mathbf{N}$$

从而

$$\sum_{k=1}^{\infty} \|f_{n_{k+1}} - f_{n_k}\|_p \leq \sum_{k=1}^{\infty} \frac{1}{2^k} < +\infty$$

令

$$g_m(x) = |f_{n_1}(x)| + \sum_{k=1}^{m-1} |f_{n_{k+1}}(x) - f_{n_k}(x)|$$

对于每一 $x \in E, g_m(x)$ 单调递增，故设 $\lim\limits_{m\to\infty} g_m(x) = g(x)$，由 Levi 定理，

$$\int_E g_m^p(x) dm \to \int_E g^p(x) dm \quad (m \to \infty)$$

但是

$$\|g_m\|_p \leq \|f_{n_1}\|_p + \sum_{k=1}^{\infty} \|f_{n_{k+1}} - f_{n_k}\|_p < \infty$$

从而 $g \in L^p(E)$，且 $g(x)$ 几乎处处有限，从而级数

$$f_{n_1}(x) + (f_{n_2}(x) - f_{n_1}(x)) + (f_{n_3}(x) - f_{n_2}(x)) + \ldots$$

在 E 上几乎处处收敛于某个可测函数 $f(x)$，即

$$f_{n_k}(x) \to f(x) \quad (k \to \infty) \quad a.e.$$

现证 $f \in L^p(E)$，且 $\|f_n - f\|_p \to 0(n \to \infty)$, 由于 f_n 为 $L^p(E)$ 中的基本列，所以对于任意 $\varepsilon > 0$，存在 N 当 $n, n_k > N$ 时，有 $\|f_{n_k} - f_n\|_p < \varepsilon$, 利用 Fatou 定理，得

$$\|f - f_n\|_p \leq \varliminf_{k\to\infty} \|f_{n_k} - f_n\|_p \leq \varepsilon \quad (n > N)$$

即 $\|f_n - f\|_p \to 0(n \to \infty), f - f_n \in L^p$ ，所以 $f = (f - f_n) + f_n \in L^p(E)$.

定义 2.4 设 $A \subset L^p(E)$ ，若对于任意 $f \in L^p(E)$ ，都有 $g_n \in A$ ，使 $\|g_n - f\|_p \to 0\,(n \to \infty)$ ，则称 A 在 $L^p(E)$ 中稠密. 若 A 是可列集，且 A 在 $L^p(E)$ 中稠密，则称 $L^p(E)$ 是可分的.

对于一般的距离空间，也可以定义其可分性，如 $\mathbf{R}$ 中有理点集在 $\mathbf{R}$ 中稠密，而有理点集是可列的，所以 $\mathbf{R}$ 是可分的。$L^p(E)$ 空间除了是完备的，同时还是可分的，先证下列引理：

引理 2.1 设 $f \in L^p(E)$ ，则对任意的 $\varepsilon > 0$ ，存在有界可测函数 g, 使 $\|f - g\|_p < \varepsilon$.

证：对于任意的 $\varepsilon > 0$ ，由积分的绝对连续性，存在 $\delta > 0$ ，使对一切 $e \subset E, me < \delta$ 时，有

$$\int_e |f|^p dm < \varepsilon^p$$

令 $A_k = E(|f| > k),\ k \in \mathbf{N}, B = E(|f| = \infty)$ ，由 $|f|^p \in L, |f|^p$ 几乎处处有限，从而 $|f|$ 几乎处处有限，从而 $mB = 0$ ，因而

$$\lim_{k \to \infty} mA_k = m(\bigcap_{k=1}^{\infty} A_k) = mB = 0$$

于是存在 $k_0 \in \mathbf{N}$ ，使 $mA_{k_0} < \delta$ ，作函数

$$g(x) = \begin{cases} f(x), & x \in E - A_{k_0} \\ 0, & x \in A_{k_0} \end{cases}$$

则 $g(x)$ 可测，且 $|g(x)| \le k_0$ ，由于 $mE(f \ne g) \le mA_{k_0} < \delta$ ，得

$$\|f - g\|_p^p = \int_{E(f \ne g)} |f - g|^p dm = \int_{E(f \ne g)} |f|^p dm < \varepsilon^p$$

即

$$\|f - g\|_p < \varepsilon$$

引理 2.2 设 E 是有界可测集, $p \geq 1, g$ 是 E 上有界可测函数, 则对任意的 $\varepsilon > 0$ ，存在简单函数 $\varphi(x)$ ，使 $\|g-\varphi\|_p < \varepsilon.$

证：令 $M = \sup|g(x)| < \infty$ ，因为 g 在 E 上可积, 由第 4 章引理 2.1, 存在 E 上的简单函数 $\varphi(x)$ ，使

$$\int_E |g(x)-\varphi(x)|dm < \varepsilon^p/(2M)^{p-1}$$

且 $|\varphi(x)| \leq M$ ，所以

$$\int_E |g(x)-\varphi(x)|^p dm \leq (2M)^{p-1}\int_E |g(x)-\varphi(x)|dm < \varepsilon^p$$

从而 $\|g-\varphi\|_p < \varepsilon$ 。

引理 2.3 设 $\varphi(x)$ 是 E 上的简单函数, 则对任意的 $\varepsilon > 0$ ，存在互不相交的开集 $G_1, G_2, \ldots, G_n$ ，且 $G_i(i=1,2,\ldots,n)$ 的一切构成区间 (可设共有限个) 的端点全是有理数, 以及存在在 $G_1, G_2, \ldots, G_n$ 上分别取有理数 $r_1, r_2, \ldots, r_n$ 的简单函数 $s(x)$ ，它在 E 上的限制 $s_0(x)$ 适合 $\|\varphi - s_0\|_p < \varepsilon.$

证：设 $\varphi(x) = \sum\limits_{i=1}^{n} c_i\chi_{E_i}(x), E = \bigcup\limits_{i=1}^{n} E_i$, 且 E_i 等为互不相交的可测集, 那么, 存在闭集 $F_i \subset E_i$, 使

$$m(E_i - F_i) < \varepsilon^p/(2n(2M)^p) \quad i=1,2,\ldots,n$$

其中 $M = \sup|\varphi(x)|$ 。

显然, 闭集 F_i 也互不相交, 所以存在互不相交的开集 $G_i \supset F_i$, 且 G_i 仅含有限个构成区间, 端点全为有理数, 取有理数 r_i ，使

$$|r_i - c_i| < \frac{\varepsilon}{(2mE)^{1/p}}, \text{且} |r_i| \leq |c_i|$$

设 $s(x)$ 是这样一个函数, 它在每个 G_i 上取常数 r_i, 而在 $\bigcup\limits_{i=1}^{n} G_i$ 外取值 0,

下证 $s(x)$ 在 E 上的限制 $s_0(x)$ 便满足要求，其实

$$\int_E |\varphi - s_0|^p dm = \int_{\bigcup\limits_{i=1} E_i} |\varphi - s|^p dm$$
$$= \int_{\bigcup\limits_{i=1}^n F_i} |\varphi - s|^p dm + \int_{\bigcup\limits_{i=1}^n (E-F_i)} |\varphi - s|^p dm$$
$$< \frac{\varepsilon^p}{2mE} mE + (2M)^p \frac{\varepsilon^p n}{2n(2M)^p} = \varepsilon^p$$

定理 2.3 $L^p(E)\,(p \geq 1)$ 是可分的.

证: 先设 E 为有界可测集，对于任意的 $f \in L^p(E)$，则 $f \in L(E)$，对任意的 $\varepsilon > 0$，由引理 2.1，存在有界可测函数 g，使 $\|f - g\|_p < \frac{\varepsilon}{3}$，再由引理 2.2，存在简单函数 $\varphi(x)$，使 $\|g - \varphi\|_p < \frac{\varepsilon}{3}$，最后再由引理 2.3，存在简单函数 $s \in S$(其中 S 是引理 2.3 中所指的简单函数 s 的全体)，使 $\|\varphi - s\|_p < \frac{\varepsilon}{3}$，于是

$$\|f - s\|_p \leq \|f - g\|_p + \|g - \varphi\|_p + \|\varphi - s\|_p < \varepsilon$$

但 S 是可列的，它在 E 上的限制也是可列集，从而可列子类在 $L^p(E)$ 中稠密，故 $L^p(E)$ 是可分的.

对于 E 是无界集，作 $E_n = [-n, n] \cap E$，则 $L^p(E_n)$ 是可分的，存在可列子类 S_n 在 $L^p(E_n)$ 中稠密，容易证明 $\bigcup\limits_{n=1}^{\infty} S_n$ 在 $L^p(E)$ 中稠密，事实上，对于 $f \in L^p(E)$，存在 $n \in \mathbf{N}$，使

$$\int_{[-n,n]^c \cap E} |f|^p dm < \varepsilon^p$$

作

$$g(x) = \begin{cases} f(x), & x \in [-n, n] \cap E \\ 0, & x \in E \cap [(-\infty, -n) \cup (n, +\infty)] \end{cases}$$

则 $g \in L^p(E_n)$，存在 $h \in S_n$，使 $\|g - h\|_p < \varepsilon$，所以

$$\|f - h\|_p \leq \|f - g\|_p + \|g - h\|_p < \varepsilon + \varepsilon = 2\varepsilon$$

而 $\bigcup\limits_{n=1}^{\infty} S_n$ 可列，所以 $L^p(E)$ 是可分的。

6.3 $L^2(E)$ 空间

当 $p=2$ 时，其共轭指标 $q=2$，这时，当 $f,g\in L^2$ 时，有 $fg\in L^1(E)$，这一事实增添了 $L^2(E)$ 新的内容，在 Fourier 分析有着重要的应用.

定义 3.1 设 $f,g\in L^2(E)$，定义 f 与 g 的内积为

$$<f,g>=\int_E fgdm$$

显然内积有下列简单性质:

定理 3.1 设 $f,g,h\in L^2(E)$，则

(1) $<f,g>=<g,f>$;

(2) $<af+bh,g>=a<f,g>+b<h,g> \quad (a,b\in \mathbf{R})$;

(3) $<f,f>=0\Leftrightarrow f=0 \quad a.e.$;

(4) $|<f,g>|\leq \|f\|_2\|g\|_2$ (Schwartz 不等式);

(5) $<f,f>^{1/2}=\|f\|_2$.

定义 3.2 若 $f,g\in L^2(E)$，且 $<f,g>=0$，则称 f 与 g 正交，若 $\{\varphi_\alpha:\alpha\in I\}\subset L^2(E)$ 中任意两个元都正交，则称 $\{\varphi_\alpha\}$ 为正交系，若 $\|\varphi_\alpha\|=1,\alpha\in I$，且 $\{\varphi_\alpha\}$ 为正交系，则称 $\{\varphi_\alpha:\alpha\in I\}$ 为标准正交系。容易验证 $L^2[-\pi,\pi]$ 中三角函数系

$$\frac{1}{\sqrt{2\pi}},\frac{1}{\sqrt{\pi}}\cos x,\frac{1}{\sqrt{\pi}}\sin x,\frac{1}{\sqrt{\pi}}\cos 2x,\frac{1}{\sqrt{\pi}}\sin 2x\cdots\frac{1}{\sqrt{\pi}}\cos nx,\frac{1}{\sqrt{\pi}}\sin nx,\ldots$$

是一标准正交系.

定理 3.2 $L^2(E)$ 中任一标准正交系 $\{\varphi_\alpha\}$ 至多可列.

证：由于 $L^2(E)$ 可分，存在可列稠密子集 $\{e_n\}(n\in\mathbf{N})\subset L^2(E)$，对于每一个 $n\in\mathbf{N}$，令

$$B_n=\left\{f\in L^2(E):\|f-e_n\|_2<\frac{1}{\sqrt{2}}\right\}$$

则 $L^2(E)=\bigcup\limits_{n=1}^{\infty}B_n$，下证 B_n 至多包含 $\{\varphi_\alpha\}$ 中的一个元。事实上，若 B_n 中含有 $\{\varphi_\alpha\}$ 的两个不同的元 $\varphi_\alpha,\varphi_\beta$, 则

$$\|\varphi_\alpha-\varphi_\beta\|_2\le\|\varphi_\alpha-e_n\|_2+\|e_n-\varphi_\beta\|_2<\frac{1}{\sqrt{2}}+\frac{1}{\sqrt{2}}=\sqrt{2}$$

另一方面

$$\|\varphi_\alpha-\varphi_\beta\|_2=(<\varphi_\alpha-\varphi_\beta,\varphi_\alpha-\varphi_\beta>)^{1/2}=\sqrt{2}$$

这是矛盾.

定义 3.3 设 $\{\varphi_k\}(k\in\mathbf{N})$ 是 $L^2(E)$ 中的标准正交系，$f\in L^2(E)$, 我们称

$$c_k=<f,\varphi_k>=\int_E f(x)\varphi_k(x)dm,\quad k\in\mathbf{N}$$

为 f(关于 $\{\varphi_k\}$) 的广义 Fourier 系数，称

$$\sum_{k=1}^{\infty}c_k\varphi_k(x)$$

为 f 的 (关于 $\{\varphi_k\}$) 广义 Fourier 级数，简记为

$$f\sim\sum_{k=1}^{\infty}c_k\varphi_k$$

定理 3.3 (Bessel 不等式) 设 $\{\varphi_k\}$ 是 $L^2(E)$ 中的标准正交系, 且 $f\in L^2(E)$，则 f 的广义 Fourier 系数 $\{c_k\}$ 满足

$$\sum_{k=1}^{\infty}c_k^2\le\|f\|_2^2$$

证：由 $\{\varphi_k\}$ 的正交性，对 $\forall n \in \mathbf{N}$, 有

$$\begin{aligned}0 &\leq \|f - \sum_{k=1}^{n} c_k\varphi_k(x)\|_2^2 \\ &=< f - \sum_{k=1}^{n} c_k\varphi_k(x), f - \sum_{k=1}^{n} c_k\varphi_k(x) > \\ &= \|f\|_2^2 - \sum_{k=1}^{n} c_k^2\end{aligned}$$

即 $\sum_{k=1}^{n} c_k^2 \leq \|f\|_2^2$, 令 $n \to \infty$ 得

$$\sum_{k=1}^{\infty} c_k^2 \leq \|f\|_2^2$$

定理 3.4 (Riesz-Fisher) 设 $\{\varphi_k\}$ 是 $L^2(E)$ 中的标准正交系，$\{c_k\}$ 满足

$$\sum_{k=1}^{\infty} c_k^2 < +\infty$$

则存在 $f \in L^2(E)$，使得

$$< f, \varphi_k >= c_k, \quad k \in \mathbf{N}$$

证：作函数

$$S_n(x) = \sum_{k=1}^{n} c_k\varphi_k(x)$$

显然有

$$\|S_{n+p}(x) - S_n(x)\|_2^2 = \|\sum_{k=n+1}^{n+p} c_k\varphi_k\|_2^2 = \sum_{k=n+1}^{n+p} c_k^2$$

由此可知 $\{S_n\}$ 是 $L^2(E)$ 中的基本列，由 $L^2(E)$ 的完备性，存在 $f \in L^2(E)$，使得

$$\lim_{n\to\infty} \|S_n - f\|_2 = 0$$

由 Bessel 不等式

$$0 = \lim_{n\to\infty} \|S_n - f\|_2^2 = \sum_{k=1}^{\infty} c_k^2 - 2\sum_{k=1}^{\infty} c_k < f, \varphi_k > + \|f\|_2^2$$

$$\geq \sum_{k=1}^{\infty} (c_k - < f, \varphi_k >)^2 \geq 0 \Rightarrow c_k = < f, \varphi_k >$$

习题六

1. 设 $f \in L^p[a,b], (p \geq 1)$，证明

$$\left(\int_a^b |f(x)|dm\right)^p \leq (b-a)^{p-1} \int_a^b |f(x)|^p dm.$$

2. 设 f, g 为 $E = (0,1)$ 上非负可测函数，满足 $f(x)g(x) \geq x^{-1}, a.e.$，试证

$$\int_E f(x)dm \int_E g(x)dm \geq 4.$$

3. 设 $F(x)$ 是 $L^p(p > 1)$ 中某个元的不定积分，则渐近式

$$F(x+h) - F(x) = O(h^{1-\frac{1}{p}}) \quad (h \to 0)$$

成立.

4. 设 p, q, r 为满足 $1/p + 1/q + 1/r = 1$ 的三个正数，则对 E 上的任何可测函数 f, g, h 有

$$\int_E |fgh|dm \leq \|f\|_p \|g\|_q \|h\|_r.$$

5. 设 $0 < m(E) < \infty$，令

$$N_p(f) = \left(\frac{1}{m(E)} \int_E |f(x)|^p dm\right)^{1/p}, \quad 1 \leq p < \infty$$

试证明当 $p_1 < p_2$ 时，有 $N_{p_1}(f) \leq N_{p_2}(f)$.

6. $f \in L^2[0,1]$, 令

$$g(x) = \int_0^1 \frac{f(t)}{|x-t|^{1/2}} dt, \quad 0 < x < 1$$

试证明

$$\left(\int_0^1 g^2(x)dm\right)^{1/2} \le 2\sqrt{2}\left(\int_0^1 f^2(x)dm\right)^{1/2}$$

7. 设 $f(x)$ 是 $[a,b]$ 上正值可测函数，试证明

$$\left(\frac{1}{b-a}\int_a^b f(x)dm\right)\left(\frac{1}{b-a}\int_a^b \frac{1}{f(x)}dm\right) \ge 1.$$

8. 设 $f \in L^\infty(E), \omega(x) > 0$ ，且 $\int_E \omega(x)dm = 1$ ，试证明

$$\lim_{p\to\infty}\left(\int_E |f(x)|^p \omega(x)dm\right)^{1/p} = \|f\|_\infty$$

9. 设 $1 \le r < p$, 且 $mE < \infty, f \in L^p(E)$, 且 $f_k \in L^p(E), (k = 1, 2, \dots)$, 若 $\lim_{k\to\infty} \|f_k - f\|_p = 0$ ，试证明

$$\lim_{k\to\infty} \|f_k - f\|_r = 0$$

10. 设 $f \in L^p[a,b], f_k \in L^p[a,b], (k = 1, 2, \dots)$ ，且有 $\|f_k - f\|_p \to 0(k \to \infty)$ ，试证明

$$\lim_{k\to\infty}\int_a^t f_k(x)dm = \int_a^t f(x)dm, \quad a \le t \le b.$$

11. 设 $f_k(x) \to f(x), x \in [a,b], (k \to \infty)$, 且有

$$\int_a^b |f_k(x)|^r dm \le M, \quad k = 1, 2, \dots, 0 < r < \infty,$$

试证明对 $p\,(0 < p < r)$, 有

$$\lim_{k\to\infty}\int_a^b |f_k(x) - f(x)|^p dm = 0.$$

12. 设 $f_n(x) \in L^2, f_n$ 测度收敛于 f, 且 $\|f_n\|_2 \le K, K$ 为常数，则 $f_n \xrightarrow{\text{弱}} f(n \to \infty)$.

13. 设在 L^2 中 $f_n \xrightarrow{\text{强}} f$, 又 $f_n \xrightarrow{a.e} g$, 则 $f \sim g$.

14. 设 $f, f_n \in L^p (p \geq 1)$, $f_n \xrightarrow{a.e} f$, 又设

$$\int_E |f_n|^p dm \to \int_E |f|^p dm$$

则对任何可测子集 $e \subset E$, 有

$$\int_e |f_n|^p dm \to \int_e |f|^p dm.$$

15. 设 $1 \leq p \leq \infty, f \in L^p(E), f_k \in L^p(E), (k = 1, 2, \dots)$，且有 $\lim\limits_{k\to\infty} f_k(x) = f(x), a.e.$, $\lim\limits_{k\to\infty} \|f_k\|_p = \|f\|_p$, 试证

$$\lim_{k\to\infty} \|f_k - f\|_p = 0.$$

16. 若 $f \in L^r(E) \bigcap L^s(E)$, 且令 $0 < \lambda < 1$, $\frac{1}{p} = \frac{\lambda}{r} + \frac{1-\lambda}{s}$, 则

$$\|f\|_p \leq \|f\|_r^{\lambda} \|f\|_s^{1-\lambda}.$$

17. 设 $1 \leq p \leq \infty$，若 $f_k \in L^p(E), (k = 1, 2, \dots)$, 且级数 $\sum\limits_{k=1}^{\infty} f_k(x)$ 在 E 上几乎处处收敛，则

$$\Big\| \sum_{k=1}^{\infty} f_k(x) \Big\|_p \leq \sum_{k=1}^{\infty} \|f_k(x)\|_p.$$

18. 设 $\{a_1, a_2, \dots, a_n, \dots\}$ 和 $\{b_1, b_2, \dots, b_n, \dots\}$ 为两列数,且满足 $\sum\limits_{k=1}^{\infty} |a_k|^p < \infty$, $\sum\limits_{k=1}^{\infty} |b_k|^p < \infty (p, q \geq 1, \frac{1}{p} + \frac{1}{q} = 1)$，则

$$\Big| \sum_{k=1}^{\infty} a_k b_k \Big| \leq \Big(\sum_{k=1}^{\infty} |a_k|^p \Big)^{1/p} \Big(\sum_{k=1}^{\infty} b_k|^q \Big)^{1/q}.$$

第七章　一般集合的测度

为了进一步学习现代分析、概率论等学科，我们需要把 $\mathbf{R}$ 中集合的 Lebesgue 测度 (以后简称 L 测度) 概念推广到一般集合的场合.

本章介绍一般集合测度理论的基本知识，环上的测度，由外测度引出的测度与可测集，广义测度、乘积测度及十分重要的 Fubini 定理.

我们知道，测度是建立在集 $A\subset\mathbf{R}$ 的外测度与内测度概念的基础上的，而集 A 的内测度又通过集 A 的补集 $\mathscr{C}A$ 的外测度来定义. 因而，测度仅依赖于 $\mathbf{R}$ 中集的外测度的定义了。 A 的外测度定义为 A 的外包开集测度的下确界，所以，外测度的概念又是建立在开集概念之上. 而 $\mathbf{R}$ 中的开集是由 $\mathbf{R}$ 的拓扑所规定的。因而要沿用我们前面的在 $\mathbf{R}$ 中定义测度的方法，把测度概念推广到一般空间 X 上去，那么首先必须在 X 上规定拓扑。后来人们发现，又根据 L 可测集类的性质，在 X 中规定一个集合类 $\mathscr{E}$, 在 $\mathscr{E}$ 上按 $\mathbf{R}$ 中集的外测度的性质来定义 $\mathscr{E}$ 中集的外测度，进而定义可测集，无须在 X 上定义拓扑.

下面我们先来回顾一下 $\mathbf{R}$ 中集的外测度的概念，由第二章第二节定义 2.1 知， $\mathbf{R}$ 中有界集 E 的外测度

$$m^*E=\inf\{mG:E\subset G, G\text{是}\mathbf{R}\text{中任一开集}\}\tag{1}$$

因为开集 $G=\bigcup\limits_k(a_k,b_k)$, $\therefore$ (1) 又可写成

$$m^*E=\inf\left\{\sum_k(b_k-a_k):E\subset\bigcup_k(a_k,b_k),a_k,b_k\in\mathbf{R},k\in\mathbf{N}\right\}\tag{2}$$

这样， m^*E 又定义为外包 E 的可列个开区间的长度之和的下确界，但开区间类不理想，因为两个开区间的差不一定是开区间，这样就带来诸多不便. 但人们很快发现，如将开区间 (a,b) 改为左闭右开区间 $[a,b)$ 或左开右闭区间 $(a,b]$,

这样一来类 $\mathscr{R} = \{\bigcup\limits_{k=1}^{n}[a_k, b_k), a_k, b_k \in \mathbf{R}, n \in \mathbf{N}\}$ 即封闭于差，也封闭于并，这样 (1) 或 (2) 可写为

$$m^*E = \inf\left\{\sum_k mA_k : E \subset \sum_k A_k, A_k \in \mathscr{R},\right\} \tag{3}$$

易见 (1) 或 (2) 与 (3) 等价.

如果已在 $\mathbf{R}$ 中定义了集 E 的外测度, 又如何定义 E 的测度呢？ Caratheodory 证明了下面定理:

定理：有界集 $E \subset \mathbf{R}$ 为 $L-$ 可测的充要条件是对任一有界集 A 成立

$$m^*A = m^*(A \cap E) + m^*(A \cap \mathscr{C}E)$$

这个定理给我们提供了只用外测度定义可测集的途径. 下面我们就沿着这个途径来构建一般集合的测度理论.

7.1 环上的测度

前面已介绍， $\mathbf{R}$ 中半闭区间有限并全体 $\mathscr{R}$ 封闭于并及差运算，把这个性质抽象出来，我们有

定义 1.1 设 X 为基本集 (或空间)， $\mathscr{R}$ 为由 X 的子集所组成的非空类. 如果满足下列条件:

(i) $A, B \in \mathscr{R} \Rightarrow A - B \in \mathscr{R}$;

(ii) $A, B \in \mathscr{R} \Rightarrow A \bigcup B \in \mathscr{R}$,

则称 $\mathscr{R}$ 为集的环或简称为环。如果 (i) 成立，而 (ii) 代之以

(iii) $A_1, A_2, \cdots \in \mathscr{R} \Rightarrow \bigcup\limits_{n=1}^{\infty} A_n \in \mathscr{R}$,

则称 $\mathscr{R}$ 为集的 σ- 环 (简称 σ 环), 若环 (σ 环) 含有 X, 则称 $\mathscr{R}$ 为代数 (σ 代数).

定义 1.2 设 $\mathscr{E}$ 是 X 中子集的类，包含类 $\mathscr{E}$ 的一切环的交记为 $\mathscr{R}(\mathscr{E})$ ，称为由 $\mathscr{E}$ 产生的环，类似地有由 $\mathscr{E}$ 产生的 σ 环 $\sigma(\mathscr{E})$.

易见 $\mathscr{R}(\mathscr{E})$ 是包含 $\mathscr{E}$ 的最小环.

例 1: $[0,1]$ 中的一切可测集构成环，也是 σ 环，并且还是代数， σ 代数。$[0,1]$ 中的开集全体不是环，因为 (i) 不成立.

例 2: X 中一切子集所成的类是 σ 环，也是 σ 代数，因而包含类 $\mathscr{E}$ 的环是存在的，故定义中所述的 $\mathscr{R}(\mathscr{E})$ 有意义.

例 3: $\mathbf{R}$ 的子类

$$\left\{\bigcup_{i=1}^{n}[a_i,b_i):a_i,b_i\in\mathbf{R},n\in\mathbf{N}\right\}$$

是环.

由 $\mathscr{E}$ 产生的环 $\mathscr{R}(\mathscr{E})$ 或 σ 环 $\sigma(\mathscr{E})$ ，具有下列性质.

定理 1.1 由类 $\mathscr{E}$ 产生的环 $\mathscr{R}(\mathscr{E})$ 中每个元均含于 $\mathscr{E}$ 的某有限个元的并中；由 $\mathscr{E}$ 产生的 σ 环 $\sigma(\mathscr{E})$ 中每个元均含于 $\mathscr{E}$ 的某可列个元的并中.

证：只证定理的前半部分，后半部分的证明完全类似. 考察类

$$\mathscr{S}=\left\{A:A\subset X,\text{存在}E_1,\ldots,E_n\in\mathscr{E},n\in\mathbf{N}\quad\text{使}\quad A\subset\bigcup_{i=1}^{n}E_i\right\}$$

即 $\mathscr{S}$ 是 $\mathscr{E}$ 中任意有限个元的并的子集所成的类。下证 $\mathscr{S}$ 是环.

设 $A_1,A_2\in\mathscr{S}$ ，则有 $A_1\subset\bigcup\limits_{i=1}^{n}E_i^{(1)},A_2\subset\bigcup\limits_{j=1}^{m}E_j^{(2)}$, 其中 $E_i^{(1)},E_j^{(2)}\in\mathscr{E},i=1,\cdots,n,j=1,\cdots,m$, 故

$$A_1\bigcup A_2\subset\Big(\bigcup_{i=1}^{n}E_i^{(1)}\Big)\bigcup\Big(\bigcup_{j=1}^{m}E_j^{(2)}\Big),A_1-A_2\subset\bigcup_{i=1}^{n}E_i^{(1)}$$

这表明，$A_1 \bigcup A_2, A_1 - A_2$ 均属于 $\mathscr{S}$, 即 $\mathscr{S}$ 为环，且 $\mathscr{S} \supset \mathscr{R}$. 既然 $\mathscr{R}(\mathscr{E})$ 为包含 E 的最小环，故 $\mathscr{R}(\mathscr{E}) \subset \mathscr{S}$, 定理得证.

在第二章中，我们已讲过渐张序列与渐缩序列概念，把这二类序列简称为单调序列，现在进行单调类的定义.

定义 1.3 设 $\mathscr{M}$ 为 X 的子集类，若其中单调序列的极限均属于 $\mathscr{M}$, 则称 $\mathscr{M}$ 为单调类.

我们已经知道，(a,b) 中的可测集类封闭于单调列的极限，所以是单调类，一般地，每个 σ 环都是单调类 (注意关系 $\bigcap\limits_{n=1}^{\infty} A_n = A_n - \bigcup\limits_{n=2}^{\infty}(A_1 - A_n))$ ，另一方面，一个环如果是单调类，也一定是 σ 环。所以，即是 $\mathscr{R}$ 是 σ 环 $\Leftrightarrow \mathscr{R}$ 是单调环.

与环的情形类似，称包含类 $\mathscr{E}$ 的最小单调类为由 $\mathscr{E}$ 产生的单调类并记为 $\mathscr{M}(\mathscr{E})$.

定理 1.2 设 $\mathscr{E}$ 为 X 的子集所组成的环，则 $\mathscr{M}(\mathscr{E}) = \sigma(\mathscr{E})$ 。

证: 因 $\sigma(\mathscr{E})$ 是 σ 环，所以是单调类，故 $\sigma(\mathscr{E}) \supset \mathscr{M}(\mathscr{E})$ ，另一方面，为证明相反的包含关系，只须证 $\mathscr{M} = \mathscr{M}(\mathscr{E})$ 是 σ 环，为此，作类 $\mathscr{K}(A) = \{B : A-B, B-A, A\cup B \in \mathscr{U}\}$ 那么，若 $B \in \mathscr{K}(A)$ ，则 $A \in \mathscr{K}(B)$ ，并且若 $A \in \mathscr{E}$ ，则 $\mathscr{K}(A) \supset \mathscr{E}$ 。这是因为，对任何 $B \in \mathscr{E}$ ，因 $\mathscr{E}$ 是环，故 $A-B, B-A, A\cup B$ 均属于 $\mathscr{E}$ ，从而均属于 $\mathscr{M}$ ，故 $B \in \mathscr{R}(A)$ 。因此 $\mathscr{K}(A) \supset \mathscr{E}$.

其次，$\mathscr{K}(A)$ 是单调类，例如，设 $\{B_n\}$ 是 $\mathscr{K}(A)$ 中的渐张序列，令 $B = \bigcup\limits_n B_n$, 由于 $A-B_n, B_n-A, B_n\cup A \in \mathscr{K}(A), n \in \mathbf{N}$ 且它们都是单调列，从而因 $\mathscr{M}$ 是单调类，知 $A-B = \bigcap\limits_n (A-B_n), B-A = \bigcup\limits_n (B_n - A), B\bigcup A = \bigcup\limits_n (B_n \bigcup A)$ 均属于 $\mathscr{M}$ ，这表明 $B \in \mathscr{K}(A)$ ，故 $\mathscr{K}(A)$ 为单调类.

这样，当 $A\in\mathscr{E}$ 时，作为包含 $\mathscr{E}$ 的单调类 $\mathscr{K}(A)$ ，应有

$$\mathscr{K}(A)\supset\mathscr{M}$$

最后，我们证明 $\mathscr{M}$ 为 σ 环，因 $\mathscr{M}$ 是单调类，故只须证明 $\mathscr{M}$ 为环。设 $A,B\in\mathscr{M}$ ，任取 $C\in\mathscr{E}$. 由上面所证， $\mathscr{K}(C)\supset\mathscr{M}$ ，从而 $A\in\mathscr{K}(C)$, 故 $C\in\mathscr{K}(A)$ 。因 C 是 $\mathscr{E}$ 中任一元, 知 $\mathscr{E}\subset\mathscr{K}(A)$, 作为包含 $\mathscr{E}$ 的单调类 $\mathscr{K}(A)$ ，应有 $\mathscr{K}(A)\supset\mathscr{M}$, 这样 $B\in\mathscr{K}(A)$ ，即 $A-B,B-A,A\cup B\in\mathscr{M}$ ，这表明 $\mathscr{M}$ 是环，定理得证.

推论：设 $\mathscr{E}$ 是环， $\mathscr{M}$ 是单调类， $\mathscr{M}\supset\mathscr{E}$, 则 $\mathscr{M}\supset\sigma(\mathscr{E})$ 。

证：根据定理 1.2 ，因 $\mathscr{M}$ 为包含 $\mathscr{E}$ 的单调类，应包含 $\mathscr{M}(\mathscr{E})=\sigma(\mathscr{E})$.

因为在许多问题中，要验证一个类是 σ 代数，常常很不容易，下面我们引入 π 类与 λ 类的概念.

定义 1.4 非空类 $\mathscr{C}$ 若封闭于交运算，则称 $\mathscr{C}$ 为 π 类.

定义 1.5 若非空类 $\mathscr{F}$ 满足条件：

(i) 空间 $X\in\mathscr{F}$;

(ii) 真差封闭： A 与 $B\in\mathscr{F}$ 且 $A\subset B\Rightarrow B-A\in\mathscr{F}$;

(iii) 渐张序列极限封闭：若 $A_n\in\mathscr{F},n\in\mathbf{N}$, 且 $A_n\nearrow A$ ，则 $A\in\mathscr{F}$ ，则称 $\mathscr{F}$ 为 λ 类.

定理 1.3 类 $\mathscr{F}$ 是 σ 代数的充要条件为 $\mathscr{F}$ 既是 λ 类，又是 π 类.

证：必要性是显然的。下证充分性，设 $\mathscr{F}$ 是 λ 类，又是 π 类，则由 (i), (ii) 及 $A\subset X$ 知： $A\in\mathscr{F}\Rightarrow\mathscr{C}A=X-A\in\mathscr{F}$.

设 $A,B\in\mathscr{F}$, 则 $A-B=A\cap\mathscr{C}B\in\mathscr{F}$, 又因 $A\cup B=X-(\mathscr{C}A\cap\mathscr{C}B)\in\mathscr{F}$,

所以 $\mathscr{F}$ 是代数，再由 (iii) 知 $\mathscr{F}$ 封闭于可列并，从而 $\mathscr{F}$ 是 σ 代数，证毕.

定理 1.4 若 $\mathscr{F}$ 是 λ 类，则 $\mathscr{F}$ 是单调类.

证：由 (iii) 知 $\mathscr{F}$ 包含渐缩序列的极限，故只须证 $\mathscr{F}$ 也包含渐张序列的极限，设 $A_n \in \mathscr{F}, n \in \mathbf{N}, A_n \searrow A$，则 $A_1 - A_n \nearrow A_1 - A$，根据 (ii) 及 $A_1 \supset A_n, n \geq 1$，可知 $A_1 - A_n \in \mathscr{F}, n \geq 1$，再利用 (iii) 得 $A_1 - A \in \mathscr{F}$。由 (ii) 知，$A = A_1 - (A_1 - A) \in \mathscr{F}$. 这就证明了 $\mathscr{F}$ 包含渐缩序列的极限.

下面我们对本节引进的几个重要集类的互相关系用图示意如下：

$$\sigma\text{代数} \Rightarrow \begin{cases} \text{代数} \\ \sigma\text{环} \\ \lambda\text{类} \end{cases}$$

在第一章中已讲了映射概念。这里将介绍一种特殊的映射——集函数及有关概念.

定义 1.6 设 X 为基本集，$\mathscr{R}$ 为 X 的子集的类，称定义在 $\mathscr{R}$ 上取值为实数或无穷大的广义实函数 μ 为集函数；若对每个 $E \in \mathscr{R}, \mu E \geq 0$，则称 μ 为非负的：若 $\mu E \neq \pm\infty (E \in \mathscr{R})$，则称 μ 为有限的；若对 $\mathscr{R}$ 中互不相交的序列 $\{E_n\}, n \in \mathbf{N}$，其并 $\bigcup\limits_n E_n \in \mathscr{R}$，恒有

$$\mu\Big(\bigcup_{n=1}^{\infty} E_n\Big) = \sum_{n=1}^{\infty} \mu E_n$$

则称 μ 为 σ 可加的或完全可加的.

对我们来说，最重要的是 $\mathscr{R}$ 为环或 σ 环的情形，我们有

定义 1.7 若 $\mathscr{R}$ 上定义的集函数 μ 满足

(i) μ 是非负的；

(ii) μ 是 σ 可加的；

(iii) $\mu\emptyset = 0$.

则称 μ 为环 (或 σ 环)$\mathscr{R}$ 上的测度. 如果集函数 μ 满足条件 (ii),(iii) 而 (i) 未必满足，则称 μ 为广义测度.

例 4：设 $\mathscr{R}$ 是由整数集的一切子集所成的 σ 环，对 $E \in \mathscr{R}$，若 E 为有限集，它的元的个数为 n, 则令 $\mu E = n$；若 E 为无限集，令 $\mu E = \infty$；再规定 $\mu\Phi = 0$, 易见 μ 满足 (i)-(iii)，故 μ 是测度.

前面讨论过的 $\mathbf{R}^n$ 中 Lebesgue 测度也是测度的例子；当基本集为有界时，测度是有限的.

定理 1.5 设 μ 是 σ 环 $\mathscr{R}$ 上的测度，则有下列性质：

(i) 单调性　设 $E_1, E_2 \in \mathscr{R}, E_1 \subset E_2$, 则 $\mu E_1 \le \mu E_2$;

(ii) 半可加性设　$E_n \in \mathscr{R}, n \in \mathbf{N}$, 则 $\mu(\bigcup\limits_n E_n) \le \sum\limits_n \mu E_n$，从而推出，若 $E \in \mathscr{R}$，$E \subset \bigcup\limits_n E_n$，则 $\mu E \le \sum\limits_n \mu(E_n)$;

(iii) 对于 $\mathscr{R}$ 中渐张序列 $\{E_n\}, n \in \mathbf{N}$, 有 $\mu(\bigcup\limits_n E) = \lim\limits_n \mu E_n$；对于渐缩序列 $\{E_n\} n \in \mathbf{N}$, 若 $\mu E_1 < \infty$，则有 $\mu(\bigcap\limits_n E_n) = \lim\limits_n \mu E_n$.

证: (i) 设 $E_1, E_2 \in \mathscr{R}, E_1 \subset E_2$, 则 $E_2 = E_1 + (E_2 - E_1)$: 从而 $\mu(E_2) = \mu(E_1) + \mu(E_2 - E_1) \ge \mu(E_1)$.

(ii) 因 $\mu(\bigcup\limits_n E_n) = \mu[E_1 \bigcup (E_2 - E_1) \bigcup (E_3 - (E_1 \bigcup E_2)) \bigcup \cdots \bigcup (E_{n+1} - \bigcup\limits_{k=1}^{n} E_k) \bigcup \ldots]$

$= \mu E_1 + \mu(E_2 - E_1) + \cdots + \mu(E_{n+1} - \bigcup\limits_{k=1}^{n} E_k) + \ldots$

$\le \mu E_1 + \mu E_2 + \cdots + \mu E_{n+1} + \cdots = \sum\limits_{n=1}^{\infty} \mu E_n$.

(iii) 设 $\{E_n\}$ 是 $\mathscr{R}$ 中的渐张序列， $E_0 \triangleq \emptyset$, 则

$$\begin{aligned}
\mu(\bigcup_{n=1}^{\infty})E_n &= \mu \bigcup_{n=1}^{\infty}(E_n - E_{n-1}) \\
&= \sum_{n=1}^{\infty}\mu(E_n - E_{n-1}) = \lim_n \sum_{k=1}^{n}\mu(E_k - E_{k-1}) \\
&= \lim_n \mu \sum_{k=1}^{n}(E_k - E_{k-1}) = \lim_n \mu E_n
\end{aligned}$$

所以， (iii) 的前半部分得证，现证后半部分. 设 $\{E_n\}$ 是 $\mathscr{R}$ 中的渐缩序列，且 $\mu(E_1) < \infty$ ，因为 $\mathscr{R}$ 为 σ 环，所以 $\mathscr{R}$ 是单调类，从而 $\bigcap_n E_n \in \mathscr{R}$ ，对渐张序列 $\{E_1 - E_n\}, n \in \mathbf{N}$ ，应用 (iii) 的前半部分结论，即得所需结果.

7.2 σ 环上外测度、可测集、测度的扩张

上一节我们初步讨论了环上的测度. 本书将继续讨论 σ 环上的外测度及其性质，由此引出可测集的概念，并讨论环上测度的扩张问题.

定义 2.1 设 X 为基本集， $\mathscr{R}_\sigma$ 为由 X 的子集所成的 σ 环， λ 为定义在 $\mathscr{R}_\sigma$ 上的集函数。如满足下列三个条件：

(i) $\lambda\Phi = 0$;

(ii) 若 $E_1 \subset E_2$ ，则 $\lambda E_1 \leq \lambda E_2 (E_1, E_2 \in \mathscr{R}_\sigma)$;

(iii) $\lambda\left(\bigcup\limits_{n=1}^{\infty} E_n\right) \leq \sum\limits_{n=1}^{\infty} \lambda E_n (E_n \in \mathscr{R}_\sigma, n \in \mathbf{N})$.

则称 λ 为 $\mathscr{R}_\sigma$ 上的外测度. 特别当 $\mathscr{R}_\sigma$ 为 X 的一切子集所成的 σ 环 (称为 X 的幂集) 时，称 μ 为 X 上的外测度.

由 (i), (ii) 知 λ 在 $\mathscr{R}_\sigma$ 上非负。我们看出，这种抽象的外测度是 Lebesgue 外测度的推广. 由定理 1.1 知，由类 $\mathscr{E}$ 产生的 σ 环 $\sigma(\mathscr{E})$ 中每个元都会在 $\mathscr{E}$ 的某

可列个元的并中，这使我们联想到，是否能从环上的一个测度 μ 出发，引进适当的外测度？这同由半闭区间有限并的环 $\mathscr{R}$ 出发引进 Lebesgue 外测度的想法类似.

设 $\mathscr{E}$ 是由 X 的子集所成的环， μ 为 $\mathscr{E}$ 上的测度，考察类

$$\mathscr{S}(\mathscr{E})=\left\{E:E\subset X,E\subset\bigcup_{n=1}^{\infty}A_n,A_n\in\mathscr{E}\right\}$$

从定理 1.1 知， $\mathscr{S}(\mathscr{E})$ 是 σ 环 (而且 $\mathscr{S}(\mathscr{E})$ 含有它的元的一切子集. 若类 $\mathscr{E}$ 中元的一切子集均属于 $\mathscr{E}$ 类，我们把这样的 $\mathscr{E}$ 类称为可传类. 所以， $\mathscr{S}(\mathscr{E})$ 是可传 σ 环). 并且容易看出，当 $\mathscr{S}(\mathscr{E})$ 是 σ 代数时，它就是 X 的幂集. 现在，对每个 $E\in\mathscr{S}(\mathscr{E})$, 令

$$\mu^*E=\inf\left\{\sum_{n=1}^{\infty}\mu A_n:E\subset\bigcup_{n=1}^{\infty}A_n,A_n\in\mathscr{E}\right\}\tag{1}$$

下面证明， μ^* 是 σ 环 $\mathscr{S}(\mathscr{E})$ 上的外测度。称 μ^* 为由 μ 导出的外测度.

其实，因为 $\emptyset\subset\emptyset\cup\emptyset\cup\cdots,\therefore\mu^*\emptyset=0$ ，即条件 (i) 成立。根据下确界的定义知 (ii) 成立，现在验证 (iii) 。如果有某 $E_n,n\in\mathbf{N}$ 成立 $\mu^*E_n=\infty$ ，则 (iii) 显然成立。现设 $\mu^*E_n<\infty,n\in\mathbf{N}$, 任取 $\varepsilon>0$ ，对每个 $k\in\mathbf{N}$ ，可取序列 $A_n^{(k)}\in\mathscr{E},n\in\mathbf{N}$ 使 $E_k\subset\bigcup\limits_{n=1}^{\infty}A_n^{(k)}$ 且

$$\sum_{n=1}^{\infty}\mu A_n^{(k)}<\mu^*E_k+\varepsilon/2^k,$$

这样一来，有 $\bigcup\limits_{n,k=1}^{\infty}A_n^{(k)}\supset\bigcup\limits_{k=1}^{\infty}E_k=E$, 且

$$\mu^*E\le\sum_{n,k=1}^{\infty}\mu A_n^{(k)}<\sum_{k=1}^{\infty}(\mu^*E_k+\varepsilon/2^k)=\sum_{k=1}^{\infty}\mu^*E_k+\varepsilon$$

由 ε 的任意性知 $\mu^*E\le\sum\limits_{k=1}^{\infty}\mu^*E_k$,

即 μ^* 满足 (iii), 得证.

μ^* 不仅是 $\mathscr{S}(\mathscr{E})$ 上的外测度，而且是 $\mathscr{E}$ 上测度 μ 的扩张，我们有

引理 2.1 由 (1) 定义的集函数 μ^* 满足条件：当 $E \in \mathscr{E}$ 时，$\mu^* E = \mu E$. 称 μ^* 为 μ 到 $\mathscr{S}(\mathscr{E})$ 上的扩张.

证：设 $E \in \mathscr{E}$, 因为 $E \subset E \cup \emptyset \cup \emptyset \cup \cdots$, 所以 $\mu^* E \leq \mu(E)$.

另一方面，设 $A_n \in \mathscr{E}, n \in \mathbf{N}$，满足 $E \subset \bigcup_{n=1}^{\infty} A_n$，由 μ 在 $\mathscr{E}$ 上的半可加性 (定理 1.5) 知,

$$\mu E \leq \sum_{n=1}^{\infty} \mu A_n$$

从而

$$\mu E \leq \inf \left\{ \sum_{n=1}^{\infty} \mu A_n : E \subset \bigcup_{n=1}^{\infty} A_n, A_n \in \mathscr{E} \right\} = \mu^* E$$

这样，我们证得 $\mu E = \mu^* E, (E \in \mathscr{E})$.

有了外测度 μ^* 之后，我们可以按照关于 Lebesgue 测度的 Caratheodory 定理所提供的思路，直接用外测度 μ^* 来定义可测性概念.

定义 2.2 设 λ 是 σ 环 $\mathscr{R}_\sigma$ 上的外测度. 称 $E \in \mathscr{R}_\sigma$ 为 λ 可测的，如果对一切 $A \in \mathscr{R}_\sigma$ 有

$$\lambda A = \lambda(A \cap E) + \lambda(A - E) \tag{2}$$

为对称起见，这里也可将 $A - E$ 写成 $A \cap \mathscr{C} E$, 这就是 Caratheodory 定理形式.

其实由外测度的半加性知，E 为 λ 可测 (当且仅当) 充要条件

$$\forall A \in \mathscr{R}_\sigma, \quad 有 \lambda A \geq \lambda(A \cap E) + \lambda(A - E)$$

由 (2) 可见，可测集 E 有这样一种规则分布，它能将任一集 A 分成互不相交的两部分 $A \cap E$ 与 $A - E$, 关于这种分解，使 λ 具有可加性.

把一切 λ 可测集记为 $\mathscr{M}$ ，类似于 Lebesgue 可测集类， $\mathscr{M}$ 是一个 σ 环，并且限制在 $\mathscr{M}$ 中， λ 成为测度 (仍记为 μ) ，为此，我们先证

引理 2.2 设 λ 是 σ 环 $\mathscr{R}_\sigma$ 上的外测度，则由 λ 引出的一切 λ 可测集 $\mathscr{M}$ 是一个环.

证：设 $E, F \in \mathscr{M}$ ，我们要证 $E \cup F \in \mathscr{M}, E - F \in \mathscr{M}$，即要证对任何 $A \in \mathscr{R}_\sigma$ 。有

$$\lambda A = \lambda(A \cap (E \cup F)) + \lambda(A - (E \cup F)) \tag{3}$$

与

$$\lambda A = \lambda(A \cap (E - F)) + \lambda(A - (E - F)) \tag{4}$$

为此，我们将 A 分解为互不相交集的并 (见图 3) ：

$$A = A_1 \cup A_2 \cup A_3 \cup A_4$$

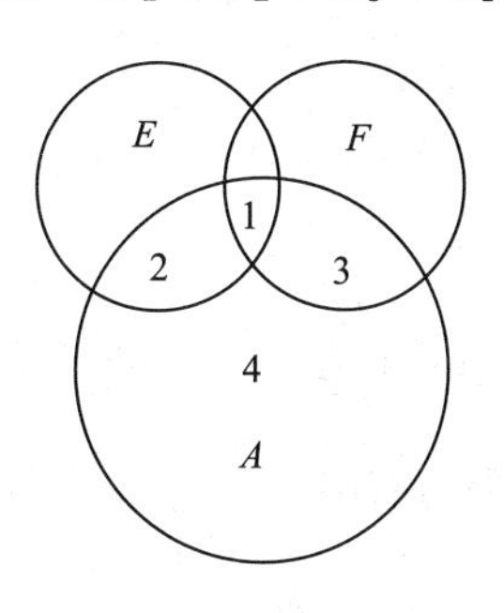

图 3

其中

$$A_1 = A \cap (E \cap F),$$

$$A_2 = A \cap (E - F),$$

$$A_3 = A \cap (F - E),$$

$$A_4 = A - (E \cup F),$$

那么, 因 E 为 λ 可测, 依次取 (2) 中的 A 与 E 为这里 A 与 E, $A_1 \cup A_2 \cup A_3$ 与 E 及 $A_1 \cup A_3 \cup A_4$ 与 E , 可得

$$\lambda A = \lambda(A_1 \cup A_2) + \lambda(A_3 \cup A_4) \tag{5}$$

$$\lambda(A_1 \cup A_2 \cup A_3) = \lambda(A_1 \cup A_2) + \lambda A_3 \tag{6}$$

$$\lambda(A_1 \cup A_3 \cup A_4) = \lambda A_1 + \lambda(A_3 \cup A_4) \tag{7}$$

又因 F 为 λ 可测, 依次令 (2) 中集 E 与 A 为 E 与 $A_1 \cup A_2$ 及 F 与 $A_3 \cup A_4$, 得

$$\lambda(A_1 \cup A_2) = \lambda A_1 + \lambda A_2 \tag{8}$$

$$\lambda(A_3 \cup A_4) = \lambda A_3 + \lambda A_4 \tag{9}$$

联合 (5),(9),(6) 得

$$\lambda A = \lambda(A_1 \cup A_2 \cup A_3) + \lambda A_4$$

这就是 (3), 联合 (5),(8),(7) 得

$$\lambda A = \lambda A_2 + \lambda(A_1 \cup A_3 \cup A_4)$$

这就是 (4) , 于是 μ 封闭于差与有限并, 因而是环, 引理证毕.

定理 2.1 设 λ 是 σ 环 $\mathscr{R}_\sigma$ 上的外测度, $\mathscr{M}$ 是一切 λ 可测集类, 则

(i) $\mathscr{M}$ 是 σ 环;

(ii) 设 $\{E_n\}$, $(n \in \mathbf{N})$ 为 $\mathscr{M}$ 中互不相交的序列, $E = \bigcup\limits_n E_n$ 。则对任何 $A \in \mathscr{R}_\sigma$ 有

$$\lambda(A \cap E) = \sum_{n=1}^{\infty} \lambda(A \cap E_n);$$

(iii)λ 在 $\mathscr{M}$ 上的限制是测度.

证: (i) 引理 2.2 已证明 $\mathscr{M}$ 是环，因而只须证 $\mathscr{M}$ 封闭于可列并. 设 $E \in \mathscr{M}, n \in \mathbf{N}$，因 $\mathscr{M}$ 是环，所以不妨设 E_n 互不相交，根据外测度的半可加性，有

$$\lambda A \leq \lambda(A \cap E) + \lambda(A - E) \tag{10}$$

下面证反向不等式成立.

因 E_1 可测，$E_1 \cap E_2 = \emptyset$，取 (2) 式中的 A, E 分别为 $A \cap (E_1 \cup E_2), E_1$ 得

$$\begin{aligned}\lambda(A \cap (E_1 \cup E_2)) &= \lambda(A \cap (E_1 \cup E_2) \cap E_1) + \lambda(A \cap (E_1 \cup E_2) - E_1) \\ &= \lambda(A \cap E_1) + \lambda(A \cap E_2)\end{aligned}$$

从而由归纳法知

$$\lambda(A \cap (E_1 \cup \cdots \cup E_n)) = \bigcup_{k=1}^{n} (A \cap E_k) \tag{11}$$

令 $F_n = \bigcup\limits_{k=1}^{n} E_k$，那么 $F_n \in \mathscr{M}$. 取 (2) 式中的 A, E 为 A, F_n 并注意到 λ 的单调性，可得

$$\lambda A = \lambda(A \cap F_n) + \lambda(A - F_n) \geq \lambda(A \cap F_n) + \lambda(A - E) \tag{12}$$

利用 (11) 式得　$\lambda A \geq \sum\limits_{k=1}^{n} \lambda(A \cap E_k) + \lambda(A - E)$

令 $n \to \infty$，上式给出

$$\lambda A \geq \sum_{k=1}^{\infty} \lambda(A \cap E_k) + \lambda(A - E) \tag{13}$$

再由 λ 的半可加性，　$\lambda(A \cap E) \leq \sum\limits_{k=1}^{\infty} \lambda(A \bigcup E_k)$

故

$$\lambda A \geq \lambda(A \cap E) + \lambda(A - E) \tag{14}$$

从而 E 是 λ 可测的，(i) 得证

(ii) 由 (13) 式得

$$\lambda A \geq \sum_{k=1}^{\infty} \lambda(A \cap E_k) + \lambda(A - E) \geq \lambda(A \cap E) + \lambda(A - E) = \lambda A$$

即 $\lambda A = \sum\limits_{k=1}^{\infty} \lambda(A \cap E_k) + \lambda(A - E)$

在上式中用 $A \cap E$ 代替 A，给出

$$\lambda(A \cap E) = \sum_{k=1}^{\infty} \lambda(A \cap E_k)$$

(iii) 在 (15) 式中取 $A = E$ 得 $\lambda E = \sum\limits_{k=1}^{\infty} \lambda E_k$

这表明 λ 限制在 $\mathscr{M}$ 上满足 σ 可加性，因而 λ 确为 σ 环 $\mathscr{M}$ 上的测度.

定义 2.3 设在环 $\mathscr{E}$ 上给定一个测度 μ，而 $\mathscr{R}_\sigma$ 为包含 $\mathscr{E}$ 的任一 σ 环. 若存在 $\mathscr{R}_\sigma$ 上的测度 $\widetilde{\mu}$，使对每个 $A \in \mathscr{E}$，有 $\widetilde{\mu} A = \mu A$，则称 $\widetilde{\mu}$ 为 μ 到 $\mathscr{R}_\sigma$ 上的一个扩张.

对于环 $\mathscr{E}$ 上的测度 μ，正如 $\mathbf{R}$ 中的半闭区间有限并环上的测度一样，我们希望把它扩张到更广的集类上去，方法也是通过外测度导出更大范围的可测集类. 我们有

定理 2.2 设 μ 为环 $\mathscr{E}$ 上的测度，$\mathscr{M}$ 为 μ^* 可测集类 (参见定义 2.2)，则 $\mathscr{E} \subset \mathscr{M}$，并且 μ^* 在 $\sigma(\mathscr{E})$ 上的限制是 μ 的扩张.

证：我们先证 $\mathscr{E} \subset \mathscr{U}$. 设 $E \in \mathscr{E}, A \in \mathscr{S}(\mathscr{E})$，为证 $E \in \mathscr{M}$, 根据 (2) 我们只须证，对任意的 $\varepsilon > 0$，有

$$\mu^* A + \varepsilon \geq \mu^*(A \cap E) + \mu^*(A - E)$$

当 $\mu^* A = \infty$ 时，上不等式不足道。现证 $\mu^* A < \infty$，于是由 μ^* 的定义，$\mathscr{E}$ 中存在 A_n，$n \in \mathbf{N}$ 满足 $A \subset \bigcup\limits_{n=1}^{\infty} A_n$, 且 $\sum\limits_{n=1}^{\infty} \mu A_n \leq \mu A + \varepsilon$, 由于 $A \cap E \subset \bigcup\limits_{n} (A_n \cap E)$，

故

$$\mu^*(A\cap E)\le\sum_n\mu(A_n\cap E)$$

同理 $\mu^*(A-E)\le\sum\limits_n\mu(A_n-E)$, 利用 μ 在 $\mathscr{E}$ 上的可加性

$$\mu A_n=\mu(A_n\cap E)+\mu(A_n-E)$$

因此

$$\mu^*(A\bigcap E)+\mu^*(A_n-E)\le\sum_n\mu A_n\le\mu^*A+\varepsilon$$

其次, 因为 $\mathscr{E}\subset\mathscr{M}$, $\mathscr{M}$ 是 σ 环, 故 $\sigma(\mathscr{E})\subset\mathscr{M}$, 由引理 2.1 知, μ^* 在 $\sigma(\mathscr{E})$ 上的限制是 μ 的扩张.

由 μ^* 的单调性知, 一切 μ^* 零测集均属于 $\mathscr{M}$, 所以 μ^* 是 μ 上的完全测度; μ^* 在 μ 上与测度 m 在 L- 可测集类上类似。而 $\sigma(\mathscr{E})$ 与 $\mathbf{R}$ 中 Borel 集类似, 如同一个可测集 E 可表为一个 Borel 集 A 与一个 L- 测度为零的集 B 之并一样, 可以证明, $\mathscr{M}$ 中的集 E 也可表为 $\sigma(\mathscr{E})$ 中的集 A 与一个 μ^* 零测集 B 之并 (参见 Halmos 《测度论》第 13 章).

定义 2.4 设 $\mathscr{R}$ 是环, μ 是 $\mathscr{R}$ 上的测度, 若对任何 $A\in\mathscr{R}$, 存在集列 $A_1,A_2,\cdots\in\mathscr{R}$, 使 $A\subset\bigcup\limits_{n=1}^{\infty}A_n$, 且 $\mu A_n<\infty, n\in\mathbf{N}$ 则称 μ 为 σ 有限的.

例: $\mathbf{R}$ 中的 L 测度是 σ 有限的.

定理 2.3 设 $\mathscr{E}$ 为环, μ_1,μ_2 是均为 $\mathscr{E}$ 上测度 μ 在 σ 环 $\sigma(\mathscr{E})$ 上的扩张. 并假定 μ 在 $\mathscr{E}$ 上是 σ 有限的, 则在 $\sigma(\mathscr{E})$ 上有 $\mu_1=\mu_2$, 即扩张是惟一的.

证: 首先设 μ_1,μ_2 是 $\sigma(\mathscr{E})$ 上有限测度情形, 令

$$\mathscr{A}=\{A:A\in\sigma(\mathscr{E}),\mu_1(A)=\mu_2(A)\}$$

则 $\mathscr{E}\subset\mathscr{A}\subset\sigma(\mathscr{E})$, 因为 $\sigma(\mathscr{E})=\mathscr{M}(\mathscr{E})$, 因而欲证 $\mathscr{A}\supset\sigma(\mathscr{E})$, 只要证 $\mathscr{A}$ 是单调类。

设 $\{A_n\}, n \in \mathbf{N}$ 是 $\mathscr{A}$ 中渐张序列， $A = \bigcup\limits_{n=1}^{\infty} A_n$, 则由测度的性质知

$$\mu_i(A) = \lim_n \mu_i(A_n), i = 1, 2$$

因为 $A_n \in \mathscr{A}, n \in \mathbf{N}$, 故 $\mu_1(A_n) = \mu_2(A_n), n \in \mathbf{N}$ ，从而

$$\mu_1(A) = \lim_n \mu_1 A_n = \lim_n \mu_2 A_n = \mu_2 A$$

于是 $A \in \mathscr{A}$ ，再设 $\{A_n\}, n \in \mathbf{N}$ 是 $\mathscr{A}$ 中渐缩序列， $A = \bigcap\limits_{n=1}^{\infty} A_n$ ，由于

$$\mu_i A \leq \mu_i A_n \leq \mu_i A_1 < \infty, n \in \mathbf{N}, i = 1, 2$$

故 $\{A_1 - A_n\}, n \in \mathbf{N}$ 为渐张序列，且 $A = \bigcup\limits_{n=1}^{\infty} (A_1 - A_n) = A_1 - A$ ，于是由已证的结果得

$$\mu_1(A_1 - A) = \mu_2(A_1 - A) \quad \text{或} \quad \mu_1 A_1 - \mu_1 A = \mu_2 A_1 - \mu_2 A$$

从而得 $\mu_1 A = \mu_2 A$ ，这表明 $\mathscr{A}$ 为单调类.

其次，对一般情形，设 $A \in \sigma(\mathscr{E})$ 。由于 μ 在 $\mathscr{E}$ 上 σ 有限，故存在 $\mathscr{E}$ 中集列 $\{A_n\}, n \in \mathbf{N}$ ，使

$$A \subset \bigcup_{n=1}^{\infty} A_n, \mu_i A_n = \mu A_n < \infty, n \in \mathbf{N}, i = 1, 2$$

不妨设 A_n 为渐张序列 (否则用 $\bigcup\limits_{k=1}^{\infty} A_k$ 代替 $A_n, n \in \mathbf{N}$). 显然 $\bigcup\limits_{n=1}^{\infty} (A_n \cap A) = A$, 故

$$\lim \mu_i(A_n \cap A) = \mu_i A, i = 1, 2,$$

由测度的单调性知

$$\mu_i(A \cap A_n) \leq \mu_i A_n < \infty, n \in \mathbf{N}, i = 1, 2,$$

从而对每个 $n, \mu_i(A \cap A_n) = \mu_{i,n}A$ 为 $\sigma(\mathscr{E})$ 上的有限测度，由前面证得的结果知

$$\mu_{1,n}A = \mu_{2,n}A$$

即　$\mu(A_n \cap A) = \mu_2(A_n \cap A), n \in \mathbf{N}$, 从而　$\mu_1 A = \mu_2 A$.

下面举几个例子来说明一般测度理论中的某些概念与应用.

例 1: Lebesgue 测度. 基本集 $X = \mathbf{R}$, 半闭区间 $[a, b)$ 的测度为 $b - a$.

$$\mathscr{R} = \left\{E : E = \bigcup_{i=1}^{n}[a_i, b_i), a_i, b_i \in \mathbf{R}, n \in \mathbf{N}\right\}$$

不妨设 $[a_i, b_i)$ 互不相交， E 的测度 $mE \triangleq \sum\limits_{i=1}^{n}(b_i - a_i)$ 可以证明，由 m 导出的 X 中子集的外测度 m^* 与 Lebesgue 外测度一致。 m^* 可测集类 $\mathscr{M}$ 称为可测集类， m^* 在 $\mathscr{M}$ 上的限制为 $L-$ 测度.

$\sigma(\mathscr{R})$ 中集称为 Borel 集，可以证明： $E \in \mathscr{M}$, 则存在 $A \in \sigma(\mathscr{R})$. $B \in \mathscr{M}, m^*B = 0$，使 $E = A \cup B$，一般地，设 X 是任一基本集， $\mathscr{E}$ 为由 X 的子集所成的环, 由 $\mathscr{E}$ 所产生的 σ 环 $\sigma(\mathscr{E})$ 常称为 X 中的 Borel 集类, 当 $X = \mathbf{R}$, $\mathscr{E} = \mathscr{R}$ 时， $\sigma(\mathscr{E})$ 与 $\sigma(\mathscr{R})$ 一致，这时由于 Borel 集是可测的，因而当 $\mathscr{E} = \mathscr{R}$ 时有

$$\mathscr{E} \subset \sigma(\mathscr{E}) \subset \mathscr{M}$$

例 2: 设基本集 $X = \mathbf{R}^n$. 取 $\mathscr{E}$ 为形式 $I = [a_1, b_1; \cdots a_n, b_n)$ 的半闭方体的有限并与 $\emptyset$ 所成的环，令 $m\emptyset = 0, mI = \prod\limits_{i=1}^{n}(b_i - a_i)$, 利用有限可加性将 m 扩张为 $\mathscr{E}$ 上的测度，同样，可由 m 引出外测度 m^*, 一切 m^* 可测集类即为 L- 可测集类，而 σ 环 $\sigma(\mathscr{E})$ 为 $\mathbf{R}^n$ 中的 Borel 集类，对 $\mathbf{R}$ 情形的说明可以转移到这一情形来.

例 3: 设基本集 $X = \mathbf{R}$, $\mu(x)$ 为定义在 $\mathbf{R}$ 上的实的增函数且右连续. 取 $\mathscr{E}$ 为例 1 中的环，对于区间 $I = [a, b)$，定义它的测度 $mI = \mu(b - 0) - \mu(a - 0)$，

单点 a 的测度定义为 $m\{a\} = \mu(a) - \mu(a-0)$, 它未必等于 0 ，这与 L- 测度不同，实际上，四种类型区间的测度分别为

$$m[a, b) = \mu(b-0) - \mu(a-0)$$

$$m[a, b] = \mu(b) - \mu(a-0)$$

$$m[a, b] = \mu(b) - \mu(a)$$

$$m(a, b) = \mu(b-0) - \mu(a)$$

它们不一定完全相同 (除非 a, b 是 μ 的连续点) 。依定理 2 的方式引出的 σ 环 $\mathscr{M}$ 称为 Lebesgue-Stieltjes 可测集类，这种测度称为 $L-S$ 测度.

当 $\mu(x) = x$ 时, 这种测度成为 L- 测度, 若 $\mu(x) = n, n \leq x < n+1, n \in Z$ ，这时相应的 $L-S$ 测度是怎样的？

7.3 广义测度

我们先回顾一下在 7.1 中已介绍的广义测度概念，设 $\mathscr{R}$ 是基本集 X 中子集所组成的 σ 环，如果 $\mathscr{R}$ 上定义的集函数 μ 满足

(i) μ 是 σ 可加的，即 $\mu(\bigcup\limits_n E_n) = \sum\limits_n \mu E_n, E_n \in \mathscr{R}, E_n$ 互不相交， $n \in \mathbf{N}$;

(ii) $\mu\Phi = 0$.

则称 μ 是 $\mathscr{R}$ 上的广义测度.

虽然广义测度的概念我们初次接触,但对具有上面条件 (i),(ii) 的集函数我们并不陌生. 例如, 在 $\mathbf{R}$ 上非负 L 可测函数 f 的不定积分：$E \in \mathscr{M}, \int_E f dm \triangleq \mu(E)$ 是 L 可测集类上的一个测度，那么对一般 L 可测函数 g 在 L 可测集类上的不

定积分：

$$E \in \mathscr{M}, v(E) = \int_E g d\mu = \int_E g_+ dm - \int_E g_- dm$$

就是 $\mathscr{M}$ 上的一个广义测度。本节介绍广义测度的 Hahn 分解，并扼要介绍很重要的 Radon-Nikodym 定理.

应当指出，(i) 中等式的意义包含两点：或者右边级数绝对收敛，或者级数为定号无穷大. 即不允许出现 $\infty - \infty$ 无意义情形. 广义测度允许取无穷大，但每个广义测度只能取一种定号无穷，即，如果 μ 是给定的广义测度，存在 $A \in \mathscr{R}$ 使 $\mu(A) = \infty$，则不可能再有 $B \in \mathscr{R}$，使 $\mu(B) = -\infty$，同样，如果有 $A \in \mathscr{R}$ 使 $\mu(A) = -\infty$，则不可能再有 $B \in \mathscr{R}$ 使 $\mu(B) = \infty$. 现以前一情形为例加以说明。设 $\mu A = \infty$，对任 $B \in \mathscr{R}$，由可加性知

$$\mu(A \cup B) = \mu(A - B) + \mu(B - A) + \mu(A \cap B) \tag{1}$$

同时有

$$\mu A = \mu(A - B) + \mu(A \cap B) \tag{2}$$

$$\mu B = \mu(B - A) + \mu(A \cap B) \tag{3}$$

如有 $\mu B = -\infty$，则由 (3) 知 $\mu(B - A)$ 与 $\mu(B \cap A)$ 中至少有一个为 $-\infty$. 如果 $\mu(B - A) = -\infty$，则由 (1)，(2) 知 $\mu(A - B) + \mu(A \cap B) = \mu(A)$ 不可能为 ∞，这与原假设 $\mu A = \infty$ 矛盾。如果 $\mu(A \cap B) = -\infty$，则由 (2) 看出，$\mu(A - B) \neq \infty$，于是不论 $\mu(A - B)$ 为有限或 $-\infty$，均不可能有 $\mu A = \infty$ 矛盾，这样，μB 只可能为有限或 ∞.

设 μ 是 σ 环 $\mathscr{R}$ 上的广义测度，$A, B \in \mathscr{R}$，且 $A \subset B$，则当 $|\mu B| < \infty$ 时，有 $|\mu A| < \infty$，这可由下面等式看出

$$\mu B = \mu A + \mu(B - A)$$

由于 μB 有限，从而上式右边两项均有限。此外，我们还有类似于定理 1.5(iii) 的结果.

定义 3.1 设 μ 为 σ 环 $\mathscr{R}$ 上广义测度. $P \in \mathscr{R}$，称 P 为 μ 的正集 (或非负集)，如果对任何 $E \in \mathscr{R}$，恒有 $\mu(P \cap E) \geq 0$. 同样，称 $N \in \mathscr{R}$ 为负集 (非正集)，如果对任何 $E \in \mathscr{R}$，恒有 $\mu(N \cap E) \leq 0$.

由定义知，空集 $\emptyset$ 既是正集又是负集。若 P 是正集，则它的任何子集如果属于 $\mathscr{R}$，也必为正集，对负集也有类似结论.

定义 3.2 设 μ 为 σ 环 $\mathscr{R}$ 上的广义测度. 如果 $X = P \cup N$，其中 $P \cap N = \emptyset$，且 P 是正集， N 为负集，则称这分解为 X 关于 μ 的 Hahn 分解.

引理 3.1 设 μ 为 σ 环 $\mathscr{R}$ 上的广义测度, 并设 $E \in \mathscr{R}$, 满足 $0 < \mu E < \infty$，则存在 μ 的正集 $S, S \subset E$，使 $\mu S > 0$.

证: 用反证法。如结论不成立，我们导出与假设条件相矛盾的结果. 首先，我们断言，存在 $n \in \mathbf{N}$ 与集 $A \in \mathscr{R}$ 使

$$A \subset E \quad 且 \quad \mu A < -2^{-n} \tag{4}$$

从而对每个 $n \in \mathbf{N}$, 作集

$$\mathscr{A}_n = \{A : A \in \mathscr{R}, A \subset E \quad 且 \quad \mu A < -2^{-n}\} \tag{5}$$

故有某些 $n \in \mathbf{N}$ 使 $\mathscr{A}_n$ 非空. 令 n_1 使 $\mathscr{A}_n$ 非空的最小自然数，则有 $A_1 \in \mathscr{A}_{n_1}$. 即有 $A_1 \subset \mathscr{R}$ 使

$$A_1 \subset E \quad 且 \quad \mu A_1 < -2^{-n_1} \tag{6}$$

现证 (4), 根据 $0 < \mu E < \infty$，对每个 $A \in \mathscr{R}, A \subset E$, 均有 $|\mu A| < \infty$。由于假定引理中所求的 E 的正子集不存在，E 本身当然不能是正集, 否则, 取 $E = S$

即得. 因而存在 $B \in \mathscr{R}$ 使 $\mu(E \bigcap B) < 0$, 从而有 $n \in \mathbf{N}$ 。使 $\mu(E \bigcap B) < -2^{-n}$. 令 $A = E \cap B$ ，则 A 满足 (4).

其次, 用归纳法可知, 对每个 $k \in \mathbf{N}$, 有 $A_k \in \mathscr{R}, A_k \subset E - A_1 - A_2 - \ldots A_{k-1}$, 且 $\mu A_k < -2^{-n_k}, n_k$ 为满足这种关系的最小自然数，此外还有 $\mu(E - A_1 - \cdots - A_k) > 0$. 最后，令 $A = \bigcup_{k=1}^{\infty} A_k$ 则

$$\mu(E - A) = \mu E - \mu A_1 - \cdots - \mu A_k > \mu E + \sum_{k=1}^{\infty} 2^{-n_k} > 0$$

由于 $\mu E, \mu(E - A)$ 均有限，故级数 $\sum_k 2^{-n_k} < \infty$, 因根据我们的假定，$E - A$ 不是正集。据此又可求得 $B \in \mathscr{R}, B \subset E - A$, 且 $\mu B < 0$ ，那么在以上序列 $\{n_k\}$ 中有自然数 $n_k > 2$ ，使 $\mu B < -2^{-n_k}$. 现在集 $B \cup A_k \in \mathscr{R}$ 且含于 $E - A_1 \cdots - A_{k-1}$. 这因为

$$B \cup A_k \subset (E - A) \cup A_k \subset E - A_1 - \cdots - A_{k-1};$$

另一方面

$$\mu(B \cap A_k) = \mu B + \mu A_k < -2^{-n_k+1} = -2^{-(n_k-1)}$$

这与 n_k, A_k 的选取相矛盾，引理得证.

定理 3.1(Hahn 分解) 设 μ 是 σ 环 $\mathscr{R}$ 上的广义测度，则

$$X = P \cup N, P \cap N = \emptyset$$

其中 P 为 μ 的正集， N 为 μ 的负集.

证: 由于每个广义测度只能取一种定号无穷大. 不妨设任 $E \in \mathscr{R}, \mu E < \infty$, 令

$$\alpha = \sup\{\mu A : A 为 \mu 的正集\}$$

我们找一个正集 P, 使 $\mu P = \alpha$, 为此取 μ 的正集列 $\{A_k\}, k \in \mathbf{N}$, 使 $\lim_k \mu A_k = \alpha$,

令

$$P_n = \bigcup_{k=1}^{n} A_k, P = \bigcup_{k=1}^{\infty} A_k, n \in \mathbf{N}$$

因 $P_1 = A_1$ 是正集，设 P_n 是正集，则对每个 $E \in \mathscr{R}$ 有

$$\begin{aligned} P_{n+1} \cap E &= (P_n \cap E) \cup (A_{n+1} \cap E) \\ &= (P_n \cap E) \cup (A_{n+1} \cap E - P_n) \end{aligned}$$

从而

$$\mu(P_{n+1} \cap E) = \mu(P_n \cap E) + \mu(A_{n+1} \cap E - P_n) \geq 0$$

从而 P_{n+1} 也是正集，故由归纳法知一切 P_n 均为正集，因 $P_n = A_n \cup (P_{n-1} - A_n)$，故

$$\mu P_n = \mu A_n + \mu(P_{n-1} - A_n) \geq \mu A_n \geq 0$$

而 $\{P_n\}$ 为渐张序列，故

$$\mu(P \cap E) = \lim_n \mu(P_n \cap E) \geq 0$$

这表明 P 是 μ 正集，特别取 $E = P$ 得

$$\mu P = \lim_n \mu P_n \geq \lim_n \mu A_n = \alpha$$

据 α 的定义应有 $\mu P \leq \alpha$，故 $\mu P = \alpha$.

下面证明 $N = \mathscr{C}P$ 为 μ 负集，如不然，则存在 $E \in \mathscr{R}$ 使

$$E \subset N, \mu E > 0$$

因为 $\mu E < \infty$，对 E 应用引理 3.1 可得正集 $S \subset E, S \in \mathscr{R}$. 使 $\mu S > 0$，于是 $S \cup P$ 为 μ 正集，因 $S \bigcap P = \emptyset$，所以有

$$\mu(S \cup P) = \mu S + \mu P = \mu S + \alpha > \alpha$$

这与 α 的定义矛盾，因此 N 为 μ 的负集.

注：若 X 有另一 Hahn 分解 $X = P_1 \cup N_1, P_2 \cap N_1 = \emptyset, P_1$ 是 μ 的正集，N_1 是 μ 的负集，则对每个 $E \in \mathscr{R}$ 有

$$\mu(P \cap E) = \mu(P_1 \cap E), \mu(N \cap E) = \mu(N_1 \cap E)$$

这因为

$$\mu(E \cap P) = \mu(E \cap P \cap p_1) + \mu(E \cap P \cap N_1)$$

因 $E \cap P \cap N_1 \subset P$, 故 $\mu(E \cap P \cap N_1) \geq 0$, 又因 $E \cap P \cap N_1 \subset N_1$ ，故 $\mu(E\cap P\cap N_1) \leq 0$, 从而 $\mu(E\cap P\cap N_1) = 0$, 所以 $\mu(E\cap P) = \mu(E\cap P\cap P_1)$. 同样有 $\mu(E\cap P_1) = \mu(E\cap P\cap P_1)$, 所以 $\mu(E\cap P) = \mu(E\cap P_1)$. 同理 $\mu(E\cap N) = \mu(E\cap N_1)$.

定义 3.3 设 μ 为 σ 环 $\mathscr{R}$ 上的广义测度，并设 $X = P \cup N$ 为基本集 X 的 Hahn 分解。对一切 $E \in \mathscr{R}$, 令

$$\mu^+ E = \mu(E \cap P), \quad \mu^- E = -\mu(E \cap N)$$

$$|\mu|(E) = \mu^+ E + \mu^- E$$

分别称集函数 μ^+, μ^- 与 $|\mu|$ 为广义测度的正变分 (或上变差), 负变分 (或下变差) 与总变分 (或全变差).

定理 3.2 设 μ 为 σ 环 $\mathscr{R}$ 上的广义测度，则集函数 $\mu^+\mu^-$ 与 $|\mu|$ 均为 $\mathscr{R}$ 上的测度，且有分解

$$\mu E = \mu^+ E - \mu^- E, E \in \mathscr{R}$$

证: 先证 μ^+ 为 $\mathscr{R}$ 上的测度，设 $E \in \mathscr{R}, X = P \cup N$ 为 Hahn 分解， P, N 分别为 μ 的正、负集，则因 $\mu^+ E = \mu(E \cap P) \geq 0$ ，所以 μ^+ 是非负的。显然，$\mu^+\emptyset = \mu(\emptyset \cap P) = \mu\emptyset = 0$, 设 $\{E_n\}, n \in \mathbf{N}$ 是 $\mathbf{R}$ 中互不相交的集列，则据 μ 的

σ 可加性,

$$\mu^*(\bigcup_n E_n) = \mu((\bigcup_n E_n)\bigcap P) = \mu(\bigcup_n(E_n\bigcap p))$$
$$= \sum_n \mu(E_n\bigcap P) = \sum_n \mu^+ E_n$$

这样, μ^+ 满足测度的所有条件, 因而是 $\mathscr{R}$ 上的测度. 同理可证 μ^- 是 $\mathscr{R}$ 上的测度. 因 $|\mu|(E) = \mu^+E + \mu^-E$, 故 $|\mu|$ 为 $\mathscr{R}$ 上的外测度。由上述的 Hahn 分解, 对每个 $E\in\mathscr{R}$,

$$\mu E = \mu(E\cap(P\cup N) = \mu(E\cap P) + \mu(E\cap N) = \mu^+E - \mu^-E$$

得到 μ 的所需的分解.

将广义测度 μ 分解为它们正变分与负变分之差称为 μ 的 Jordan 分解.

定理 3.3 设 μ 为 σ 环 $\mathscr{R}$ 上的广义测度。则对一切 $E\in\mathscr{R}$ 有

$$|\mu|(E) = \sup\left\{\sum_{k=1}^{n}|\mu E_k| : E = \bigcup_{k=1}^{n} E_k, E_k\in\mathscr{R}\text{且互不相交 } k=1,\ldots,n, n\in\mathbf{N}\right\} \tag{1}$$

证: 设 $E = \bigcup\limits_{k=1}^{n} E_k, E_k\in\mathscr{R}$ 是互相不交, $k=1,\cdots,n$, 则有

$$\sum_{k=1}^{n}|\mu E_k| = \sum_{k=1}|\mu^+E_k - \mu^-E_k|$$
$$\le \sum_{k=1}^{n}(\mu^+E_k + \mu^-Ek)$$
$$= \sum_{k=1}^{n}|\mu|(E_k) = |\mu|(E)$$

因此 (1) 式右边不超过左边. 另一方面, 取 X 的 Hahn 分解 $X = P\cup N$, 则

$$E = (E\cap P)\cup(E\cap N)$$

因而 (1) 式右边

$$\geq |\mu(E\cap P)|+|\mu(E\cap N)|=\mu^+E+\mu^-E=|\mu|(E),$$

故 (1) 式成立，证毕.

定理 3.3 中的 (1) 式又作为 $|\mu|$ 的另一个定义。在本节开始时我们已讲过，若 f 关于 L 测度 m 的积分有意义，则

$$\mu E=\int_E fdm$$

是一个广义测度。由积分性质知 μ 关于 m 绝对连续，即如 $m(E)=0$，则 $\mu E=\int_E fdm=0$，那么自然要问，如果一个广义测度 υ 关于测度 μ 满足相应的条件，υ 是否可表示成关于 μ 的积分形式？现在我们来讨论这个问题，为此，我们先介绍一些概念.

定义 3.4 设 X 是基本集，$\mathscr{R}$ 是由 X 某些子集组成的 σ 环，如果

$$X=\bigcup_{E\in\mathscr{R}}E$$

就称 $(X,\mathscr{R})$ 是一个可测空间，而任何 $E\in\mathscr{R}$ 就称为可测集.

设 $(X,\mathscr{R})$ 是可测空间，μ 是 $\mathscr{R}$ 上定义的测度，则称 $(X,\mathscr{R},\mu)$ 为测度空间。在不引起混淆时，有时就称 X 为测度空间.

设 $(X,\mathscr{R},\mu)$ 是测度空间，如果 μ 在 $\mathscr{R}$ 上是有限的，σ 有限的，则称测度空间 X 是有限的或 σ 有限的.

如果 $X\in\mathscr{R}$，即 $\mathscr{R}$ 是 σ 代数，且 X 的 μ 测度值是有限的，σ 有限的，则称测度空间 X 是全有限的，全 σ 有限的.

定义 3.5 设 μ 与 υ 是可测空间 $(X,\mathscr{R})$ 上的两个广义测度，若对任何 $E\in\mathscr{R}$, $|\mu|(E)=0$ 恒有 $\upsilon(E)=0$, 则称 υ 关于 μ 绝对连续，记为 $\upsilon\ll\mu$.

在测度空间 $(X, \mathscr{R}, \mu)$ 上定义的实值可测函数 f，可用第四章建立 L 积分的类似方法定义 f 在 $E \in \mathscr{R}$ 上的积分 $\int_E f d\mu$.

定理 3.4(Rakon-Nikodym) 设 $(X, \mathscr{R}, \mu)$ 是全 σ 有限的测度空间，υ 是 $(X, \mathscr{R})$ 上的 σ 有限广义测度若 $\upsilon \ll \mu$, 则存在一个 X 上的有限值可测函数 f 使

$$\upsilon(E) = \int_E f d\mu, E \in \mathscr{R}$$

函数 f 在下面意义下是惟一的：若 $\upsilon(E) = \int_E g d\mu, E \in \mathscr{R}$，则 $f = g$, $a.e.$.

定义 3.6 设 μ 与 υ 是可测空间 (X, S) 上的广义测度, 若 $X = A \cup B, A \cap B = \emptyset$，对每 $E \in S, A \cap E, B \cap E$ 均可测，且 $|\mu|(A \cap B) = 0 = |\upsilon|(B \cap E)$ 。则称 μ 与 υ 是互相奇异的，记为 $\mu \perp \upsilon$.

7.4 乘积测度与 Fubini 定理

这节中，我们将建立重积分概念，并讨论重积分与累次积分的关系以及累次积分中交换积分顺序问题. 为此，我们先建立乘积测度.

设 X，Y 是任意两个集，一切有序点对 (x, y)，$x \in X, y \in Y$ 全体组成的集，记为 $X \times Y$，称为 X 与 Y 的乘积集或乘积空间 (又称为 Cartesian 乘积) 。X, Y 称为分支空间. 如 $\mathbf{R}^2 = \{(x, y) : x, y \in \mathbf{R}\}$

设 $X_1, \cdots, X_n$ 是任 n 个集. 称 $\{(x_1, \cdots, x_n) : x_i \in X_i, i = 1, \cdots, n\}$ 是 $X_1, \cdots, X_n$ 的乘积集，记为 $X_1 \times \cdots \times X_n$ 或 $\prod\limits_{i=1}^{n} X_i$，如 $\mathbf{R}^n = \{(x_1, \cdots, x_n) : x_i \in \mathbf{R}, i = 1, \cdots, n\}$.

设 $X_1, X_2, \cdots, X_n, \cdots$ 是任一集序列，称 $\{(x_1, x_2, \cdots, x_n, \cdots) : x_i \in X_i, i \in N\}$ 为 $X_1, X_2, \cdots$ 的乘积集，记为 $\prod\limits_{i \in N} X_i$，是 $\mathbf{R}^\infty = \{(x_1, x_2, \cdots) : x_i \in \mathbf{R}, i \in N\}$.

一般地，设 $\{X_t : t \in T\}$ 为非空集的类，考虑映射 $f : T \to \bigcup\limits_{t\in T} X_t$, 满足 $f(t) \in X_t$. 一切这样的 f 所成的集 $\{f : f(t) \in X_t, t \in T\}$ 称为 $\{X_t\}$ 中集 $X_t(t \in T)$ 的乘积集, 记为 $\prod\limits_{t\in T} X_t$。乘积集中元也可记为 $x = \{x_t\}$ 这里 $x_t = f(t)$. x_t 称为 x 的第 t 个坐标，它是 t 在 X_t 中的投影. 其实，f 就是 T 上定义的实函数.

下面我们着重讨论两个集 X 与 Y 的乘积的情形. 设 $A \subset X, B \subset Y$, 称集 $A \times B$ 是 $X \times Y$ 中的矩形，A, B 称为矩形 $A \times B$ 的边.

引理 4.1 (i) 矩形 $E = \emptyset$ 必须且只须 E 的一个边是 $\emptyset$.

(ii) 设 $E_1 = A_1 \times B_1, E_2 = A_2 \times B_2$ 都是非空矩形, 则 $E_1 \subset E \Leftrightarrow A_1 \subset A_2$，且 $B_1 \subset B_2$. 特别，$E_1 = E_2 \Leftrightarrow A_1 = A_2$ 且 $B_1 = B_2$.

(iii) $E_1 \cap E_2 = (A_1 \cap A_2) \times (B_1 \cap B_2)$.

(iv) 设 $E = A \times B$，$E_1 = A_1 \times B_1$，$E_2 = A_2 \times B_2$ 都是非空矩形，则 $E = E_1 \cup E_2$ 且 $E_1 \cap E_2 = \emptyset \Leftrightarrow A = A_1 \cup A_2, A_1 \cap A_2 = \emptyset$ 且 $B = B_1 = B_2$ 或 $B = B_1 \cup B_2$，$B_1 \cap E_2 = \emptyset$ 且 $A = A_1 = A_2$。

证: (i),(iii) 显然。(ii) 的 " $\Leftarrow$ " 显然，现证 " $\Rightarrow$ ", 如果 $E_1 \subset E_2$，设任 $x \in A_1, y \in B_1$, 则 $(x, y) \in E_1 \subset E_2$，因而 $(x, y) \in E_2 = A_2 \times B_2$，从而 $x \in A_2, y \in B_2$, 故 $A_1 \subset A_2, B_1 \subset B_2$.

(iv) 的 " $\Leftarrow$ " 也不足道。今证必要性，由于 $E_i \subset E, i = 1, 2$, 由 (ii) 知 $A_i \subset A$，$B_i \subset B$，从而 $A_1 \cup A_2 \subset A, B_1 \cup B_2 \subset B$, 另一方面，由于

$$E = E_1 \cup E_2 \subset (A_1 \cup A_2) \times (B_1 \times B_2)$$

故 $A \subset A_1 \cup A_2$，$B \subset B_1 \cup B_2$，这样，便有

$$A = A_1 \cup A_2, B = B_1 \cup B_2$$

由 (iii) 知

$$E_1 \cap E_2 = (A_1 \cap A_2) \times (B_1 \cap B_2)$$

由假设 $E_1 \cap E_2 = \emptyset$，故 $A_1 \cap A_2 = \emptyset$ 或 $B_1 \cap B_2 = \emptyset$. 例如, 如 $E_1 \cap E_2 = \emptyset$，则必定有 $B_1 = B_2$。如不然，如果 $B_1 - B_2 \neq \emptyset$, 任取 $y \in B_1 - B_2$, 这时任取 A_2 中的 x，根据 (1)，$(x, y) \in E$。可是根据 $x \overline{\in} A_1$, 所以 $(x, y) \overline{\in} E_1$, 又根据 $y \overline{\in} B_2$, 所以 $(x, y) \overline{\in} E_2$, 这与假设 $E = E_1 \cup E_2$ 矛盾，所以 $B_1 - B_2 = \emptyset$。同样，$B_2 - B_1 = \emptyset$，即 $B_1 = B_2$。同样可证：当 $B_1 \cap B_2 = \emptyset$ 时，必有 $A_1 = A_2$.

定理 4.1 如果 $\mathscr{S}$, $\mathscr{T}$ 分别是 X, Y 的某些子集构成的环，那么，由各式各样有限个互不相交的矩形 $A \times B (A \in \mathscr{S}, B \in \mathscr{T})$ 的和集所组成的 $X \times Y$ 的子集类 $\mathscr{R}$ 是环.

证：首先由 $\mathscr{R}$ 的定义，知道 $\mathscr{R}$ 中任何有限个互不相交的集的和集属于 $\mathscr{R}$. 根据第一章习题一，只要证明 $\mathscr{R}$ 中任何两个集的差也属于 $\mathscr{R}$ 就可以了. 记 $\mathscr{P} = \{A \times B\} | A \in \mathscr{S}, B \in \mathscr{T} |$, 对任何 $E_i = A_i \times B_i \in \mathscr{P}$，$i = 1, 2$, 由于 $\mathscr{S}$，$\mathscr{T}$ 是环，而且

$$E_1 \cap E_2 = (A_1 \cap A_2) \times (B_1 \cap B_2)$$

立即知道 $E_1 \cap E_2 \in \mathscr{R}$。由此可知 $\mathscr{R}$ 中任何两个集 $\bigcup\limits_{i=1}^{m} E_i, \bigcup\limits_{j=1}^{n} F_j$ 的交集 $\bigcup\limits_{i,j}^{m,n} (E_i \cap F_j) \in \mathscr{R}$. 因而 $\mathscr{R}$ 中有限个集的交集也属于 $\mathscr{R}$。又因为 (见图 4)

$$\begin{aligned} & A_1 \times B_1 - A_2 \times B_2 \\ = \ & [(A_1 \cap A_2) \times (B_1 - B_2)] \cup [(A_1 - A_2) \times B_1] \end{aligned}$$

所以 $\mathscr{P}$ 中任何两个集的差属于 $\mathscr{R}$. 对 $\mathscr{R}$ 中任何两个集 $\bigcup\limits_{i=1}^{m} E_i (E_i \cap E_j = \emptyset, i \neq j, E_i \in \mathscr{P})$，$\bigcup\limits_{j=1}^{n} F_j (F_j \cap F_k = \emptyset, j \neq k, F_j \in \mathscr{P})$ 有

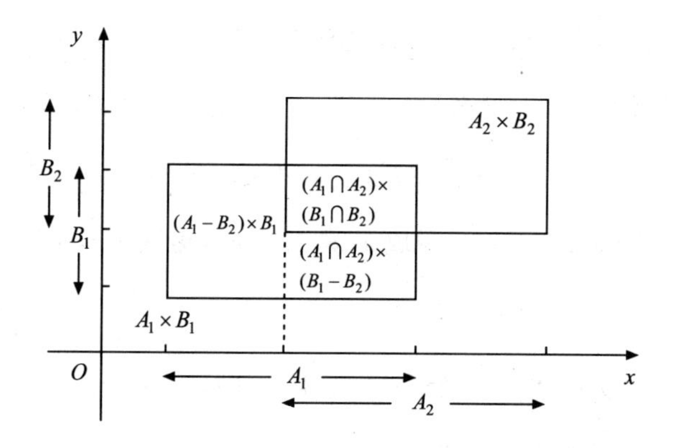

图 4

$$\bigcup_{i=1}^{m} E_i - \bigcup_{j=1}^{n} F_j = \bigcup_{i=1}^{m}\bigcap_{j=1}^{n}(E_i - F_j)$$

由上所述， $E_i - F_j \in \mathscr{R}$, 因而有限个交 $\bigcap\limits_{j=1}^{m}(E_i - F_j) \in \mathscr{R}$ ，并且

$$\left\{\bigcap_{j=1}^{m}(E_i - F_j)\right\}$$

是互不相交的，所以 $\bigcup\limits_{i=1}^{m} E_i - \bigcup\limits_{j=1}^{n} F_j \in \mathscr{R}$.

把定理 4.1 中的环记为 $\mathscr{S} \times \mathscr{T}$.

定义 4.1 设 $(X, \mathscr{S}),(Y, \mathscr{T})$ 为可测空间, 记 $\mathscr{P} = \{A\times B | A \in \mathscr{S}, B \in \mathscr{T}\}$ ，而用 $\mathscr{S} \times \mathscr{T}$ 表示包含 $\mathscr{P}$ 的最小 σ- 环, 称 $(X\times Y, \mathscr{S} \times \mathscr{T})$ 为 $(X, \mathscr{S})$ ，$(Y, \mathscr{T})$ 的乘积 (可测) 空间，称 $\mathscr{P}$ 中的集为可测矩形.

推论：设 $(X, \mathscr{S}),(Y, \mathscr{T})$ 是可测空间，那么 $\mathscr{S}(\mathscr{S} \times \mathscr{T}) = \mathscr{S}(\mathscr{P})$

证：由定理 4.1 , 环 $\mathscr{S} \times \mathscr{T}$ 是包含 $\mathscr{P}$ 的最小环, 所以 $\mathscr{S} \times \mathscr{T} \subset \mathscr{S}(\mathscr{P})$, 因而 $\mathscr{S}(\mathscr{S} \times \mathscr{T}) \subset \mathscr{S}(\mathscr{P})$. 另一方面，由于 $\mathscr{S} \times \mathscr{T} \supset \mathscr{P}$, 所以又有 $\mathscr{S}(\mathscr{S} \times \mathscr{T}) \supset \mathscr{S}(\mathscr{P})$. 从而 $\mathscr{S}(\mathscr{S} \times \mathscr{T}) = \mathscr{S}(\mathscr{P})$.

截口 设 $(X,\mathscr{S}),(Y,\mathscr{T})$ 是可测空间，$(X\times Y,\mathscr{S}\times\mathscr{T})$ 是它们的乘积空间. 如果 E 是 $X\times Y$ 的一个子集, 称集 $E_x=\{y|(x,y)\in E\}$ 为被 x 决定的 E 的截口, 它有时也写成 S_xE(注意, 对每个 x 来说，E_x(或 S_xE) 是 Y 的子集, 并不是 $X\times Y$ 的子集) 。E_x 有时也说成 x- 截口。同样集 $S^yE=E^y=\{x|(x,y)\in E\}$ 是 y- 截口.

如果 f 是定义在 $X\times Y$ 的子集 E 上的函数，当固定 $x\in X$ 时，如果 E_x 不是空集，称定义在 E_x 上的函数

$$f_x(y)=f(x,y)$$

为 f(被 x 决定) 的截口. 类似地，当固定 $y\in Y$ ，如果 E^y 不空，称定义在 E^y 上的函数

$$f^y(x)=f(x,y)$$

为 f(被 y 决定) 的截口.

定理 4.2 可测集的截口是可测的，可测函数的截口是可测的.

证: 令 E 是由 $X\times Y$ 中每个 x- 截口和 y- 截口都是可测的集所组成的一个类. 容易证明 E 是一个 σ- 环. 又显然 $P\subset E$ ，由系知 $S\times T\subset E$. 因此 $S\times T$ 中每个集的截口都是可测的.

设 $E\in S\times T$,f 是 E 上可测函数，对任何数 c 和任何给定的 $x_0\in X$,

$$\begin{aligned}
E_{x_0}(f_{x_0}>c) &= \{y|f_{x_0}(y)>c,y\in E_{x_0}\}\\
&= \{y|f(x_0,y)>c,(x_0,y)\in E\}\\
&= \{y|(x_0,y)\in E(f>c)\}\\
&= S_{x_0}E(f>c)
\end{aligned}$$

由于 $E(f > c)$ 是可测集，所以它的截口 $S_{x_0}E(f > c)$ 是 $(Y, \mathscr{T})$ 上可测集，即 f_{x_0} 是 y 的可测函数．类似可以证明 $f^y(x)$ 是 $(X, \mathscr{S})$ 上可测函数.

乘积测度 设空间 $(X, \mathscr{S}, \mu)$，$(Y, \mathscr{T}, \upsilon)$ 是测度空间，在这段里的目标是由它们建立 $(X \times Y, \mathscr{S} \times \mathscr{T})$ 上的测度．为此我们先证明一个引理.

引理 4.2 设 $(X, \mathscr{S}, \mu)$，$(Y, \mathscr{T}, \upsilon)$ 是两个有限的测度空间，如果 E 是 $(X \times Y, \mathscr{S} \times \mathscr{T})$ 的可测子集，那么 $\upsilon(E_x)$ 和 $\mu(E^y)$ 分别是 $(X, \mathscr{S}, \mu)$，$(Y, \mathscr{T}, \upsilon)$ 上的可测函数，而且

$$\int_X \upsilon(E_x) d\mu = \int_Y \mu(E^y) d\upsilon \tag{2}$$

证：令 M 是使 $\upsilon(E_x)$，$\mu(E^y)$ 为可测函数，并且 (2) 成立的 $\mathscr{S} \times \mathscr{T}$ 中可测集 E 的全体所成的类。今证 $\mathscr{M} = \mathscr{S} \times \mathscr{T}$.

当 $E = A \times B \in \mathscr{P}$ 时，由于

$$E_x = \begin{cases} B, & x \in A \\ \emptyset, & x \overline{\in} A \end{cases}$$

显然 $\upsilon(E_x) = \upsilon(B)\chi_A(x)$，这里 χ_A 为集 A 的特征函数，类似地 $\mu(E^y) = \mu(A)\chi_B(y)$. 所以 $\upsilon(E_x)$,$\mu(E^y)$ 分别是 $(X, \mathscr{S})$,$(Y, \mathscr{T})$ 的可测函数．而且

$$\int_x \upsilon(E_x) d\mu = \mu(A)\upsilon(B) = \int_Y \mu(E^y) d\upsilon$$

因此 $E \in \mathscr{M}$. 从而 $\mathscr{F} \subset \mathscr{M}$.

再证 $\mathscr{M}$ 是单调类：如果 $E_1, \cdots, E_n \in \mathscr{M}$, $E_i \cap E_j = \emptyset$, $i \neq j$. 记 $E = \bigcup\limits_{j=1}^{n} E_j$，显然 $E_x = \bigcup\limits_{j=1}^{n} E_{jx}$, $E_{jx} \cap E_{ix} = \emptyset$，$i \neq j$. 因此

$$\upsilon(E_x) = \sum_{j=1}^{n} \upsilon(E_{jx})$$

类似地， $\mu(E^y) = \sum_{j=1}^{n} \mu(E_j^y)$. 由积分的线性性，容易知道 $E \in \mathscr{M}$. 再根据 $\mathscr{P} \subset \mathscr{M}$, 便得到 $\mathscr{R} \subset \mathscr{M}$. 设 $E_1 \subset E_2 \subset \cdots \subset E_n \subset \cdots$ 是 $\mathscr{M}$ 中一列单调增加集，记 $E = \bigcup_{n=1}^{\infty} E_n$, 由于

$$E_{1x} \subset E_{2x} \subset \cdots \subset E_{nx} \subset \cdots, E_x = \bigcup_{n=1}^{\infty} E_{nx}$$

所以 $\upsilon(E_x) = \lim_{n\to\infty} \upsilon(E_{nx})$. 又因为 $\{\upsilon(E_{nx}), n = 1, 2, \cdots\}$ 是 $(X, \mathscr{S}, \mu)$ 上可积的单调增加函数，并且

$$\int_X \upsilon(E_{nx}) d\mu \leq \int_X \upsilon(Y) d\mu = \upsilon(Y)\mu(X)$$

由 Levi 引理 $\upsilon(E_x)$ 是可积函数，且

$$\lim_{n\to\infty} \int_X \upsilon(E_{nx}) d\mu = \int_X \upsilon(E_x) d\mu \tag{3}$$

对 $\mu(E^y)$ 也进行类似讨论，有

$$\lim_{n\to\infty} \int_Y \mu(E_n^y) d\upsilon = \int_Y \mu(E^y) d\upsilon \tag{4}$$

从假设 $\int_X \upsilon(E_{nx}) d\mu = \int_Y \mu(E_n^y) d\upsilon$, 并根据 (3), (4) 便知

$$\int_X \upsilon(E_x) d\mu = \int_Y \mu(E^y) d\upsilon$$

因此 $E \in \mathscr{M}$ 。类似地，当 $E_1 \supset E_2 \supset \cdots \supset E_n \supset \cdots$ 时，集 $\bigcap_{n=1}^{\infty} E_n \in \mathscr{M}$ 。根据定理 1.4 可知 $\mathscr{S} \times \mathscr{T} \subset \mathscr{M}$, 从而 $\mathscr{S} \times \mathscr{T} = \mathscr{M}$.

推论 设 $(X, \mathscr{S}, \mu)$, $(Y, \mathscr{T}, \upsilon)$ 是两个测度空间，$E_0 = A_0 \times B_0 (A_0 \in \mathscr{S}, B_0 \in \mathscr{T})$, 而且 $\mu(A_0) < \infty$ ， $\upsilon(B_0) < \infty$, 那么当 $E \in \mathscr{S} \times \mathscr{T}$, 而且 $E \subset E_0$ 时，函数 $\upsilon_(E_x)$, $\mu(E^y)$ 都是可测函数，并有 (2) 成立.

证 在 $(X, \mathscr{S})$ 上定义 $\mu_0(A) = \mu(A \cap A_0)$, $A \in \mathscr{S}$。在 $(Y, \mathscr{T})$ 上定义 $v_0(B) = v(B \cap B_0)$, $B \in \mathscr{T}$, 那么 $(X, \mathscr{S}, \mu_0)$, $(Y, \mathscr{T}, v_0)$ 为两个全有限的测度空间，对它们用引理 2，就得到推论.

利用引理 2，我们给出乘积测度的定义.

定义 4.2 设 $(X, \mathscr{S}, \mu)$, $(Y, \mathscr{T}, v)$ 是两个 σ- 有限的测度空间，作乘积可测空间 $(X \times Y, \mathscr{S} \times \mathscr{T})$ 上集函数 λ 如下：如果 $E \in \mathscr{S} \times \mathscr{T}$ 而且有矩形 $A \times B \in \mathscr{S} \times \mathscr{T}$, $\mu(A) < \infty$, $v(B) < \infty$, 使 $E \subset A \times B$ 时，规定

$$\lambda(E) = \int_X v(E_x) d\mu = \int_Y \mu(E^y) dv \tag{5}$$

对一般的 $E \in \mathscr{S} \times \mathscr{T}$, 必有一列矩形 $E_n \in \mathscr{S} \times \mathscr{T}$, $E_n = A_n \times B_n$, $\mu(A_n) < \infty$, $v(B_n) < \infty$, $E_1 \subset E_2 \subset \cdots \subset E_n \subset \cdots$, 使 $E \subset \bigcup\limits_{n=1}^{\infty} E_n$. 这时定义

$$\lambda(E) = \lim_{n \to \infty} \lambda(E \cap E_n) \tag{6}$$

那么 λ 是 $(X \times Y, \mathscr{S} \times \mathscr{T})$ 上的 σ- 有限测度. 称它为 μ 和 v 的乘积测度，记为 $\mu \times v$.

定理 4.3 设 $(X, \mathscr{S}, \mu)$, $(Y, \mathscr{T}, v)$ 是 σ- 有限测度空间，那么由 (5),(6) 规定的集函数 λ 是 $(X \times Y, \mathscr{S} \times \mathscr{T})$ 的 σ- 有限测度，而且是在 $(X \times Y, \mathscr{S} \times \mathscr{T})$ 上满足条件

$$\lambda(A \times B) = \mu(A) \times v(B), A \in \mathscr{S}, B \in \mathscr{T} \tag{7}$$

的惟一的测度.

证 先设 $\mu(X) < \infty$, $v(Y) < \infty$. 为证明 λ 是测度，只要证明它具有可列可加性. 设 $F_n \in \mathscr{S} \times \mathscr{T}$, $n = 1, 2, \cdots$, 而且 $F_n \cap F'_n = \emptyset$, $n \neq n'$。记 $E_n = \bigcup\limits_{j=1}^{n} F_j$.

由于 $E_{nx}=\bigcup_{j=1}^{n}F_{jx}$ 以及积分的可加性得到

$$\lambda(E_n)=\int_X \upsilon(E_{nx})d\mu=\int_X\sum_{j=1}^{\infty}\upsilon(F_{jx})d\mu=\sum_{j=1}^{n}\lambda(F_j)$$

再根据 (3), 记 $E=\bigcup_{j=1}^{\infty}F_j$, 又得到

$$\begin{aligned}\lambda(E)\int_X \upsilon(E_x)d\mu &= \int_X\sum_{j=1}^{\infty}\upsilon(F_{jx})d\mu\\ &= \lim_{n\to\infty}\int_X\sum_{j=1}^{n}\upsilon(F_{jx})d\mu=\lim_{n\to\infty}\sum_{j=1}^{n}\lambda(F_j)=\sum_{j=1}^{\infty}(F_j)\end{aligned}$$

即 λ 是可列可加的.

再证满足 (7) 的 λ 是惟一的：设 λ' 是 $(X\times Y,\mathscr{S}\times\mathscr{T})$ 上另一个满足 (7) 的测度。由于对任何 $A\in\mathscr{S},B\in\mathscr{T}$,

$$\lambda(A\times B)=\lambda'(A\times B)$$

并且，λ,λ' 都是可列可加测度，因而 λ,λ' 在包含 $\mathscr{P}$ 的最小 σ- 环 $\mathscr{S}(\mathscr{P})$ 上一致．然而 $\mathscr{S}(\mathscr{P})=\mathscr{S}\times\mathscr{T}$. 所以 λ,λ' 在 $\mathscr{S}\times\mathscr{T}$ 上是一样的．这样，定理 4.3 在 $\mu(X)<\infty$ ， $\upsilon(Y)<\infty$ 的情况下被证明了.

下面对一般 σ- 有限测度 μ,υ 来证明．首先，对任何 $A\times B\in\mathscr{P},\mu(A)<\infty,\upsilon(B)<\infty$ 时，和前面一样，在 σ- 环 $\mathscr{S}\times\mathscr{T}\cap(A\times B)$ 上定义了测度 λ, 容易知道，在任何两个这种形式的 σ- 环的公共部分中 λ 的定义是一致的.

其次证明：任何 $E\in\mathscr{S}\times\mathscr{T}$ ，它必包含在边为测度有限的一列单调矩形 $\{E_n\}$ 中．事实上，如果 $E\in\mathscr{P},E=A\times B,A\in\mathscr{S},B\in\mathscr{T}$, 这时由 $(X,\mathscr{S},\mu),(Y,\mathscr{T},\upsilon)$ 的 σ- 有限性，必有

$$\{A_n\}\subset\mathscr{S},\mu(A_n)<\infty,\{B_n\}\subset\mathscr{T},\upsilon(B_n)<\infty$$

使 $A \subset \bigcup_{n=1}^{\infty} A_n, B \subset \bigcup_{n=1}^{\infty} B_n$ 。取 $E_n = (\bigcup_{i=1}^{n} A_i) \times (\bigcup_{i=1}^{n} B_i)$, 那么 $\{E_n\}$ 便是边为测度有限的，单调矩形序列，而且 $E \subset \bigcup_{n=1}^{\infty} E_n$. 对于一般的 $E \in \mathscr{S} \times \mathscr{T}$, 由于 $\mathscr{S} \times \mathscr{T} = \mathscr{S}(\mathscr{P})$ ，所以必有 $\mathscr{P}$ 中的单调序列 $\{F_n\}$, 使得 $E \subset \bigcup_{n=1}^{\infty} F_n = \lim_{n\to\infty} F_n$. 而每个 F_n, 根据前面已经证明有边为测度有限的矩形单调序列 $\{E_{nk}\}$, $\bigcup_{k=1}^{\infty} E_{nk} \supset F_n$. 记 $E_{nk} = A_{nk} \times B_{nk}$, 如果取 $E_n = (\bigcup_{i,j=1}^{n} A_{ij}) \times (\bigcup_{i,j=1}^{n} B_{ij})$ ，那末 $\{E_n\}$ 便是边为测度有限的矩形单调序列，并且 $\bigcup_{n=1}^{\infty} A_{E_n} \supset E$. 这说明定义中的矩形序列确实存在. 容易看出 $\{\lambda(E_n \cap E)\}$ 是单调增加数列，因此 (6) 中极限存在 (可以允许是 $+\infty$).

再证极限与矩形序列的选取无关. 事实上，如果另有一列边为测度有限的矩形单调序列 $\{F_n\}$ ， $\bigcup_{n=1}^{\infty} F_n \supset E$ ， $F_n = C_n \times D_n$ 。记 $\lambda'(E) = \lim_{n\to\infty} \lambda(E \cap F_n)$. 由于 $E \cap F_n = \lim_{m\to\infty} (E \cap E_m) \cap F_n$, 所以

$$\lambda(E \cap F_n) = \lim_{m\to\infty} \lambda(E \cap E_m \cap F_n) \leq \lim_{m\to\infty} \lambda(E \cap E_m)$$

即 $\lambda(E \cap F_n) \leq \lambda(E)$ ，再令 $n \to \infty$ 就得到 $\lambda'(E) \leq \lambda(E)$. 如果将 $\{E_n\}$ ， $\{F_n\}$ 的位置对调就得到 $\lambda(E) \leq \lambda'(E)$ 。因此 (6) 惟一地确定了 $\lambda(E)$ 的值.

最后，再证 $\lambda(E)$ 是可列可加的测度： $\lambda(E)$ 的有限可加性是显然的. 任取一列互不相交的 $F_n \in \mathscr{S} \times \mathscr{T}$, 记 $E = \bigcup_{n=1}^{\infty} F_n$ ，由 λ 的非负性和有限可加性，显然有 $\lambda(E) \geq \sum_{j=1}^{n} \lambda(F_j)$. 令 $n \to \infty$ ，得到

$$\lambda(E) \geq \sum_{j=1}^{\infty} \lambda(F_j)$$

另一方面，由于

$$\lambda(E \cap E_n) = \sum_{j=1}^{\infty} \lambda(E_n \cap F_j) \leq \sum_{j=1}^{\infty} \lambda(F_j)$$

令 $n \to \infty$，又得到

$$\lambda(E) \leq \sum_{j=1}^{\infty} \lambda(F_j)$$

因此 $\lambda(E) = \sum\limits_{j=1}^{\infty} \lambda(F_j)$. 所以 λ 是可列可加的 σ- 有限测度.

富必尼 (Fubini) 定理 现在讨论重积分和累次积分的关系以及累次积分的交换顺序问题.

设 $(X\mathscr{S}, \mu), (Y, \mathscr{T}, \upsilon)$ 是两个测度空间，$(X \times Y, \mathscr{S} \times \mathscr{T}, \mu \times \upsilon)$ 是它们的 σ- 有限乘积测度空间，$E \in \mathscr{S} \times \mathscr{T}, E = A \times B, A \in \mathscr{S}, B \in \mathscr{T}$, 并且 E 是 σ- 有限的可测集. 设 f 是定义在 E 上的函数，如果 f 是 E 上关于 $\mu \times \upsilon$ 是可积的，积分

$$\int_E f(x, y) d\mu \times \upsilon(x, y)$$

就称作 f 在 E 上的重积分，积分号中 $d\mu \times \upsilon(x, y)$ 常简写为 $d\mu \times \upsilon$. 如果 $f^y(x)$ 在 A 上关于 μ 是可积的，记

$$h(y) = \int_A f^y(x) d\mu(x) \tag{8}$$

又如果 $h(y)$ 在 B 上关于 υ 可积，我们便写成

$$\int_B h(y) d\upsilon(y) = \int_B \int_A f d\mu d\upsilon = \int_B (\int_A f(x, y) d\mu(x)) d\upsilon(y) \tag{9}$$

积分 $\int_B \int_A f d\mu d\upsilon$ 称作 f 在 E 上的二次积分. 类似地定义

$$\int_A \int_B f d\upsilon d\mu = \int_A (\int_B f(x, y) d\upsilon(y)) d\mu(x) \tag{10}$$

它也是 f 在 E 上的二次积分. 显然，这里的重积分和二次积分概念是普通数学分析中的重积分和二次积分概念的一般化.

定理 4.4(Fubini) (1) 如果 E 是 $(X\times Y, \mathscr{S}\times\mathscr{T}, \mu\times\upsilon)$ 上 σ- 有限可测矩形， $E=A\times B$ 。又设 f 是 E 上可积函数；那么对几乎所有的 $x\in A$ ， f 的截口 $f_x(y)$ 是 B 上关于 υ 的可积函数：而对几乎所有的 $y\in B$ ，截口 $f^y(x)$ 是 A 上关于 μ 的可积函数. 而且 $\int_B f_x(y)d\upsilon(y)$,$\int_A f^y(x)d\mu(x)$ 分别在 A 上关于 μ ，在 B 上关于 υ 是可积函数. 同时两个二次积分 (9) ，(10) 和重积分之间还成立着

$$\int_E fd\mu\times\upsilon=\int_A\int_B fd\upsilon d\mu=\int_B\int_A fd\mu d\upsilon \tag{11}$$

(2) 反过来，如果 f 是 $E=A\times B$ 上可测函数，而且 $|f|$ 的两个二次积分 $\int_A\int_B|f|d\upsilon d\mu$, $\int_B\int_A|f|d\mu d\upsilon$ 中有一个存在，那末它的另一个二次积分以及二重积分 $\int_E fd\mu\times\upsilon$ 也存在，并且 (11) 成立.

证：先对 $\mu(A)<\infty, \upsilon(B)<\infty$ 的情况来加以证明. 并且不妨假设 $A=X, B=Y$ 。不然考虑 $(A,\mathscr{S}\cap A,\mu A)$, $(B, \mathscr{T}\cap B, \upsilon_B)$ 的乘积空间 $(A\times B, (\mathscr{S}\cap A)\times(\mathscr{T}\cap B), \mu_A\times\upsilon_B)$ 就可以了，其中 μ_A, υ_B 是把 μ, υ 分别限制在 A, B 上的测度.

(1) 第一步，如果 f 是 $(X\times Y, \mathscr{S}\times\mathscr{T})$ 上某个可测集 E 的特征函数 χ_E. 根据 $\mu\times\upsilon$ 的定义，显然

$$\begin{aligned}\int_{X\times Y}\chi_E d\mu\times\upsilon &= \mu\times\upsilon(E)=\int_X\upsilon(E_x)d\mu=\int_X\int_Y\chi_{E_x}(y)d\upsilon(y)d\mu(x)\\ &= \int_X\int_Y\chi_E(x,y)d\upsilon(y)d\mu(x)\end{aligned} \tag{12}$$

第二步，如果 f 是 $(X\times Y, S\times\mathscr{T}, \mu\times\upsilon)$ 上非负的可积函数. 这时，对任何自然数 k, 记 $Z=X\times Y$ ， $E_{kn}=Z(\frac{n-1}{2^k}\le f<\frac{n}{2^k})$ ， $n=1,2,\cdots,2^k$. 显然 $\varphi_k=\sum\limits_n\frac{n-1}{2^k}\chi_{E_{kn}}$ 是一列非负的有界函数,而且 $\varphi_k\le\varphi_{k+1}$ ， $k=1,2,\cdots$ ， $\lim\limits_{k\to\infty}\varphi_k(x,y)=$

$f(x,y)$. 由 Levi 引理

$$\int_{X\times Y} fd\mu\times\upsilon=\lim_{k\to\infty}\int_{X\times Y}\varphi_k d\mu\times\upsilon \tag{13}$$

利用 (12) 和积分的线性性，知道当 x 固定时，$\varphi_{kx}(y)=\varphi_k(x,y)$ 是 $(Y,\ \mathscr{T},\ \upsilon)$ 上可积函数，$\psi_k(x)=\int_Y\varphi_k(x,y)d\upsilon(y)$ 是 $(X,\ \mathscr{S},\ \mu)$ 上可积函数，而且

$$\int_{X\times Y}\varphi_k d\mu\times\upsilon=\int_X(\int_Y\varphi_k d\upsilon)d\mu=\int_X\psi_k d\mu \tag{14}$$

由于 $\{\psi_k\}$ 是非负、有界可积函数的单调增加序列，而且由 (13),(14) 又有

$$\lim_{k\to\infty}\int_X\varphi_k d\mu=\int_{X\times Y} fd\mu\times\upsilon$$

由 Levi 引理，$\{\psi_k(x)\}$ 几乎处处收敛于某个可积函数 $\psi(x)$, 而且

$$\int_X\psi d\mu=\int_{X\times Y} fd\mu\times\upsilon \tag{15}$$

设 $E=X(\psi(x)=\lim\limits_{k\to\infty}\psi_k(x)<\infty)$, 固定 $x\in E$ 时，$\psi_{kx}=\psi_k(x,y),k=1,2,\cdots$ 是 $(Y,\ \mathscr{T},\ \upsilon)$ 上非负、可积函数的单调增加序列，并且 $\int_Y\varphi_{kx}(y)d\upsilon(y)=\psi_k(x),k=1,2,\cdots$ 有上确界 $\psi(x)<\infty$，因此再由 Levi 引理知道 $\{\varphi_{kx}(y)\}$ 的极限函数 $f_x(y)=f(x,y)$ 是 $(Y,\ \mathscr{T},\ \upsilon)$ 上可积函数，而且

$$\int_Y f(x,y)d\upsilon(y)=\lim_{k\to\infty}\int_Y\varphi_k(x,y)d\upsilon(y)=\psi(x)$$

所以 $\int f(x,y)d\upsilon(y)$ 几乎处处等于 $(X,\ \mathscr{S},\ \mu)$ 上可积函数 $\psi(x)$. 而且由 (15) 得到

$$\int_{X\times Y} fd\mu\times\upsilon=\int_X(\int_Y fd\upsilon)d\mu \tag{16}$$

第三步，如果 f 是一般可积函数，对 f_+，f_- 分别讨论可以知道 $\int_Y f_+(x,y)d\upsilon(y)$, $\int_Y f_-(x,y)d\upsilon(y)$ 都是 $(X,\mathscr{S},\mu)$ 上的可积函数，而且相应地 (16) 成立. 再利用积分的线性性，从 $f=f_+-f_-$ 便得到 (16) 对一般的 f 也成立.

同样，可以证明 $\int_X f(x,y)d\mu(x)$ 是 $(Y,\mathscr{T},\upsilon)$ 上可积函数，而且

$$\int_{X\times Y} fd\mu\times\upsilon=\int_Y(\int_X fd\mu)d\upsilon$$

(2) 反过来,如果非负二元可测函数 f 的一个二次积分——例如 $\int_Y(\int_X fd\mu)d\upsilon$ 存在，这时，对任何自然数 N ，作 $[f]_N=\min(N,f)$ ，它便是有界的二元可测函数，由于 $\mu\times\upsilon(X\times Y)<\infty$ ，所以它的重积分存在。由 (1) 及 $[f]_N\le f$ 便得到

$$\int_{X\times Y}[f]_N d\mu\times\upsilon=\int_Y(\int_X[f]_N d\mu)d\upsilon\le\int_Y\int_X fd\mu d\upsilon \tag{17}$$

由 (17), $\{[f]_N\}$ 的重积分序列有上界。对二元函数列 $\{[f]_N\}$ 应用 Levi 引理，便得到 $[f]_N(x,y)$ 的极限函数 $f(x,y)$ 的重积分存在。再由 (1), 另一个二次积分 $\int_X(\int_Y f(x,y)d\upsilon(y))d\mu(x)$ 也就存在了，并且二次积分等于重积分。对于一般的二元可积函数 f ，分成 f_+,f_- 来讨论就行了。

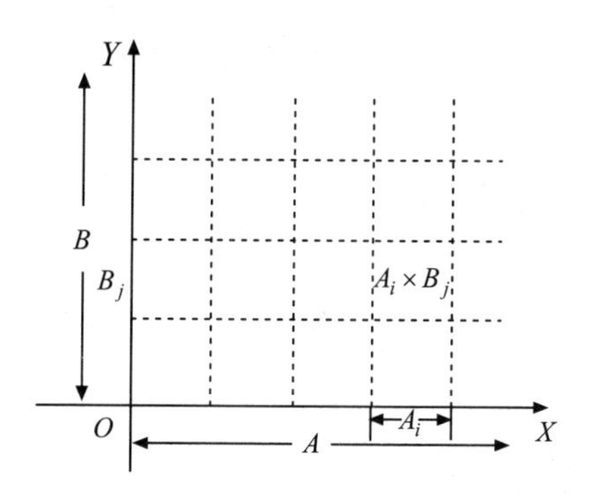

图 5

对于 $E=A\times B$ 是 σ- 有限的情况．容易知道，存在 $\{A_n\}\subset\mathscr{S},\{B_n\}\subset\mathscr{T},\mu(A_n)<\infty,\upsilon(B_n)<\infty$ ，且 $A_i\cap A_j=\emptyset,B_i\cap B_j=\emptyset(i\ne j)$ ， $\bigcup\limits_{i=1}^{\infty}A_i=A$, $\bigcup\limits_{i=1}^{\infty}B_i=B$. 因此 $E=\bigcup\limits_{ij}A_i\times B_j$ 并且 $A_i\times B_j\cap A_k\times B_l=\emptyset$, 只要 $i\ne k,j\ne l$ 中

有一个成立 (见图 5). 在每个 $A_i \times B_j$ 上定理的结论已成立. 只要利用积分 (重积分和二次积分中的累次积分) 的可列可加性不难证明定理的结论在 E 上也成立. 希望读者自己完成这个证明.

推论: 设 E 是 $(X \times Y, \mathscr{S} \times \mathscr{T}, \mu \times v)$ 的零集, 那末对几乎所有的 x , 截口 E_x 是 $(Y, \mathscr{T}, v)$ 上的零集; 对几乎所有的 y , 截口 E^y 是 $(X, \mathscr{S}, \mu)$ 上的零集.

证: 由于 E 是零集, 所以它的特征函数 $\chi_E(x,y)$ 的重积分为零, 由乘积测度定义 (或 Fubini 定理)

$$\mu \times \nu(E) = \int_\nu (E_x) d\mu(x) = \int_\mu (E^y) d\nu(y)$$

因为被积函数 $\nu(E_x)$, $\mu(E^y)$ 是非负的, 所以 $\mu \times \nu(E) = 0$ 的充要条件是 $\nu(E_x)$ 关于 μ 几乎处处为零或者 $\mu(E^y)$ 关于 ν 几乎处处为零.

显然, Fubini 定理可以推广到多个测度空间 $(X_i, \mathscr{S}_i, \mu_i) i = 1, 2, \cdots, k$ 的乘积测度空间 $(X_1 \times \cdots \times X_k, \mathscr{S}_1 \times \cdots \times \mathscr{S}_k, \mu_1 \times \cdots \times \mu_k)$ 的情况, 这里不再讨论.

此外, 读者还必须注意, Fubini 定理中 2 ° 的假设: f 的绝对值函数, $|f|$ 是二次可积, 这个条件是不能换为仅仅 “ f 的二次积分存在” 这个条件的. 甚至 f 的两个二次积分均存在, 并且两个二次积分的值也相等, 也不能断言 f 的重积分是存在的。请看下面的例.

例: 设 $E = [-1,1] \times [-1,1]$, μ , v 都取为勒贝格测度. 作

$$f(x,y) = \begin{cases} \frac{xy}{(x^2+y^2)^2}, & x^2 + y^2 > 0 \\ 0 & x = y = 0 \end{cases}$$

容易知道 $f(x,y)$ 是 E 上勒贝格 (二重) 可测的. 如果将两个变量 x, y 中的

一个固定，$f(x,y)$ 是另一个变量的连续函数，所以积分

$$\int_{-1}^{1}\frac{xy}{(x^2+y^2)^2}dy, \int_{-1}^{1}\frac{xy}{(x^2+y^2)^2}dx$$

存在，由于被积函数是奇的，所以上面积分都为零。由此得到

$$\int_{-1}^{1}(\int_{-1}^{1}\frac{xy}{(x^2+y^2)^2}dx)dy=\int_{-1}^{1}(\int_{-1}^{1}\frac{xy}{(x^2+y^2)^2}dy)dx=0$$

但 $f(x,y)$ 在 E 上并不是勒贝格可积的。不然的话，由 f 在 E 上可积性，便得到 f 在 $[0,1]\times[0,1]$ 上也应该可积，于是二次积分

$$\int_{0}^{1}(\int_{0}^{1}\frac{xy}{(x^2+y^2)^2}dy)dx$$

就应该存在。但这是不对的，因为当 $x\neq 0$ 时，

$$\int_{0}^{1}\frac{xy}{(x^2+y^2)^2}dy=\frac{1}{2x}-\frac{x}{2(x^2+1)}$$

它在 $[0,1]$ 上不是勒贝格可积函数.

7.5 Lebesgue-Stieltjes 积分概念

鉴于 Lebesgue-Stieltjes 积分 (简称 LS 积分) 在应用中十分重要，这里将作一个扼要介绍. 我们着重 LS 积分概念的建立，同时由于基本想法与第四章中勒贝格积分的建立相类似，这里将着重讨论不同之处，为了便于比较，我们对黎曼 - 斯蒂杰积分也作一些初步讨论.

设基本集为闭区间 $[a,b]$, $\mu(x)$ 为 $[a,b]$ 上给定的增函数，区间 (α,β) 的 μ 测度定义为

$$\mu\{(\alpha,\beta)\}=\mu(\beta-0)-\mu(\alpha+0)$$

一点 α 的 μ 测度定义为

$$\mu\{\alpha\} = \mu(\alpha + 0) - \mu(\alpha - 0)$$

在这里约定 $\mu(a - 0) = \mu(a)$ ， $\mu(b + 0) = \mu(b)$. 于是若开集 G 有表示， $G = \bigcup(\alpha_k, \beta_k)$, (α_k, β_k), (α_j, β_j) 等互不相交，则它的测度定义为

$$\mu G = \sum_k \mu\{(\alpha_k, \beta_k)\}$$

完全与第二章 §2.2 相仿，集 E 的外测度定义为

$$\mu^* E = \inf_{G \supset E} \mu G, G\text{为开集}.$$

闭集的测度，集 E 的内测度 $\mu_* E$ 也与以前一样定义. 若 $\mu^* E = \mu_* E$ ，则称 $E\mu$ 可测，这时 E 的测度定义为 $\mu E = \mu^* E$.

可以证明， E 为 μ 可测的充要条件是，对任意的集 $A \subset [a, b]$, 有

$$\mu^* A = \mu^*(A \cap E) + \mu^*(A \cap \mathscr{C} E)$$

一切 μ 可测的集用 $\mathscr{M}_\mu$ 记之，可以证明， $\mathscr{M}_\mu$ 构成一个 σ 环. 特别是关于 μ 完全可加性成立。由于这些内容几乎是以前所讲的逐句重复，这里就不讲了。下面介绍几条为以后所需要的引理.

引理 5.1 设 μ_1, μ_2 均为增函数，且对任何区间 $[\alpha, \beta]$, 有

$$\mu_1(\beta) - \mu_2(\alpha) \leq \mu_2(\beta) - \mu_2(\alpha) \tag{1}$$

则有 $\mathscr{M}_{\mu_2} \subset \mathscr{M}_{\mu_1}$.

证: 首先证明，对于任何开集 G ，有 $\mu_1 G \leq \mu_2 G$. 其实，据 (1), 对任何区间 (α, β), 有

$$\mu_1(\beta - 0) - \mu_1(\alpha + 0) \leq \mu_2(\beta - 0) - \mu_2(\alpha + 0),$$

因而据开集测度的定义，即得 $\mu_1 G \leq \mu_2 G$.

其次，我们注意到： $E \in \mathscr{M}_\mu$ 的充要条件是，对任意的 $\varepsilon > 0$, 存在开集 $G \supset E$ 与闭集 $F \subset E$, 使 $\mu(G - F) < \varepsilon$ (参看第二章定理 3.1 及其证明思路). 于是设 $E \in \mathscr{M}_2$ ，据所引结果，对任意的 $\varepsilon > 0$, 存在开集， $G \supset E$ 与闭集 $F \subset E$ 使 $\mu_2(G - F) < \varepsilon$ 。但 $G - F = G \cap \mathscr{C}F$ 为开集，故据已证结果，

$$\mu_1(G - F) \leq \mu_2(G - f) < \varepsilon$$

这样， E 为 μ_1 可测集，故得 $\mathscr{M}_{\mu_2} \subset \mathscr{M}_{\mu_1}$.

引理 5.2 设 μ_1, μ_2 为增函数, 则 $E \in \mathscr{M}_{\mu_1+\mu_2}$ 的充要条件是 $E \in \mathscr{M}_{\mu_1} \cap \mathscr{M}_{\mu_2}$.

证: 必要性，令 $\mu = \mu_1 + \mu_2$, 那么对任何区间 $[\alpha, \beta]$, 有

$$\mu_i(\beta) - \mu_i(\alpha) \leq \mu(\beta) - \mu(\alpha), \quad i = 1, 2$$

据引理 5.1 ，有 $\mathscr{M}_\mu \subset \mathscr{M}_{\mu_i}, i = 1, 2$, 故 $\mathscr{M}_\mu \subset \mathscr{M}_{\mu_1} \cap \mathscr{M}_{\mu_2}$.

充分性，对任何开集 G, 显然有

$$\mu G = \mu_1 G + \mu_2 G$$

这里 $\mu = \mu_1 + \mu_2$, 设 $E \in \mathscr{M}_{\mu_1} \cap \mathscr{M}_{\mu_2}$, 则对任意的 $\varepsilon > 0$, 存在开集 G_i 与闭集 $F_i, F_i \subset E \subset G_i$, 使

$$\mu_i(G_i - F_i) < \varepsilon/2, i = 1, 2$$

令 $G = G_1 \cap G_2, F = F_1 \cup F_2$, 那么 $F \subset E \subset G$ ， $G - F$ 为开集，故

$$\begin{aligned} \mu(G - F) &= \mu_1(G - F) + \mu_2(G - F) \\ &\leq \mu_1(G_1 - F_1) + \mu_2(G_2 - F_2) < \varepsilon \end{aligned}$$

这样，我们证明了 E 为 μ 可测集，即 $\mathscr{M}_{\mu_1} \cap \mathscr{M}_{\mu_2} \subset \mathscr{M}_\mu$, 引理得证.

下面将引入 LS 积分概念。设 μ 为增函数，那么 μ 简单函数以及它的 LS 积分与以前一样定义. 非负 μ 可测函数 f, 进而一般 μ 可测函数 f 的 LS 积分

以及 LS 可积概念也与以前一样定义. 并且，在记号上也毋须作多大的改变. 但要注意， f 的可积性与 μ 密切相关而不仅同 f 相关. f 关于 μ 为 LS 可积可记为 $f\in L_\mu$, 关于 LS 可积函数的基本性质，积分序列取极限的一些重要定理在本质上都照样成立，读者可自行完成它们. 对于一般可测函数 f 关于囿变函数 μ 的 LS 积分，情况有所不同. 为了引进它，还要作一点准备.

引理 5.3 设 μ_1 ， μ_2 为有界增函数，对任意区间 (α,β), 有

$$\mu_1(\beta)-\mu_1(\alpha)\leq\mu_2(\beta)-\mu_2(\alpha), \tag{1}$$

则当 f 关于 μ_2 为 LS 可积时， f 关于 μ_1 为 LS 可积.

证: 当 f 为 μ_2 可测时，对任何实数 $c, E(f>c)$ 为 μ_2 可测，由 (1) 并据引理 5.1,$E(f>c)$ 为 μ_1 可测，故 f 为 μ_1 可测.

由于可将 f 分为正部、负部考虑，以下不妨对 $f\geq 0$ 情形来证明引理. 设 $f\in L_{\mu_2}$. 对任意的 $\varepsilon>0$ 与任意满足 $0\leq\varphi_1\leq f$ 的 μ_1 简单函数 φ_1, 我们断言，恒存在 μ_2 简单函数 φ_2 ，满足 $0\leq\varphi_2\leq f$, 使

$$\int_E\varphi_1 d\mu-\varepsilon<\int_E\varphi_2 d\mu_2 \tag{2}$$

其实，设 $\int_E\varphi_1 d\mu_1=\sum\limits_{i=1}^n c_i\mu_1 E_i$, 这里 $\mu_1(x)=\sum\limits_{i=1}^n c_i\chi_{E_i}(x), E_i$ 等是互不相交的 μ_1 可测集，取闭集 $F_i\subset E_i$, 使 $\mu_1 E_i<\mu_1 F_i+\varepsilon/nM$, $M=\max c_i$, 令

$$\varphi_2(x)=\sum_{i=1}^n c_i\chi_{F_i}(x)$$

则

$$\begin{aligned}\int_E\varphi_2 d\mu_2 &= \sum_{i=1}^n c_i\mu_2 F_i\geq\sum_{i=1}^n c_i\mu_1 F_i>\sum_{i=1}^n c_i(\mu_1 E_i-\frac{\varepsilon}{nM})\\ &\geq \int_E\varphi_1 d\mu_1-\varepsilon\end{aligned}$$

这就证明了 (2)，从而

$$\int_E \varphi_1 d\mu_1 - \varepsilon < \int_E f d\mu_2,$$

令 $\varepsilon \to 0$，得 $\int_E \varphi_1 d\mu_1 \le \int_E f d\mu_2$. 再令 φ_1 变动而取上确界，即得 $\int_E f d\mu_1 \le \int_E f d\mu_2$, 故 $f \in L_{\mu_1}$.

引理 5.4 设 μ_1, μ_2 均为有界增函数，若 $f \in L_{\mu_1} \cap L_{\mu_2}$, 则 $f \in L_{\mu_1+\mu_2}$, 且有

$$\int_E f d(\mu_1 + \mu_2) = \int_E f d\mu_1 + \int_E f d\mu_2$$

证: 不妨设 $f \ge 0$，据引理 5.2，$\mathscr{M}_{\mu_1+\mu_2} = \mathscr{M}_{\mu_1} \cap \mathscr{M}_{\mu_2}$, 故当 $f \in L_{\mu_1} \cap L_{\mu_2}$ 时，f 为 $\mu_1 + \mu_2$ 可测函数. 取满足 $0 \le \varphi \le f$ 的 $(\mu_1 + \mu_2)$ 简单函数 φ 时，φ 也是 μ_1 与 μ_2 简单函数，由关系式

$$\begin{aligned}\sup_{0\le\varphi\le f} \int_E \varphi d(\mu_1 + \mu_2) &= \sup_{0\le\varphi\le f} \{\int_E \varphi d\mu_1 + \int_E \varphi d\mu_2\} \\ &\le \sup_{0\le\varphi\le f} \int_E \varphi d\mu_1 + \sup_{0\le\varphi\le f} \int \varphi d\mu_2\end{aligned}$$

得到

$$\int_E f d(\mu_1 + \mu_2) \le \int_E f d\mu_1 + \int_E f d\mu_2 \tag{2}$$

另一方面，对任意的 $\varepsilon > 0$，存在有限个闭集 $A_i, B_i, i = 1, 2, \cdots, m, j = 1, \cdots, n$，使

$$\int_E f d\mu_1 + \int_E f d\mu_2 < \sum_{i=1}^m a_i \mu_1 A_i + \sum_{j=1}^n b_j \mu_2 B_j + \varepsilon$$

但上式右边首两项的和等于

$$\begin{aligned}&\sum_{i=1}^m a_i \sum_{j=1}^n \mu_1(A_i \cap B_j) + \sum_{j=1}^n b_j \sum_{i=1}^m \mu_2(A_i \cap B_j) \\ \le\ &\sum_{i,j} \alpha_{ij} (\mu_1 + \mu_2)(A_i \cap B_j) \le \int_E f d(\mu_1 + \mu_2)\end{aligned}$$

其中 $\alpha_{ij}=\sup(a_i,b_j)$，故

$$\int_E fd\mu_1+\int_E fd\mu_2<\int_E fd(\mu_1+\mu_2)+\varepsilon$$

令 $\varepsilon\to 0$，得

$$\int_E fd\mu_1+\int_E fd\mu_2\leq\int_E fd(\mu_1+\mu_2) \tag{3}$$

合并所得两个不等式 (2),(3), 便得 (1).

定义 5.1 设 μ 为 $[a,b]$ 上的有界变差函数，μ 在 $[a,x]$ 上的总变分，正变分与负变分分别为 $v(x),p(x),n(x)$. 再设 $f\in L_v$. 那么，称 f 关于 μ 为 LS 可积，并定义它的积分值为

$$\int_E fd\mu=\int_E fdp-\int_E fdn \tag{1}$$

关于这个定义，有必要作下列几点说明，第一，(1) 式右边两项是否有意义？答案是肯定的，因为对任意区间 (α,β), 有

$$p(\beta)-p(\alpha)\leq v(b)-v(a), n(\beta)-n(\alpha)\leq v(b)-v(a)$$

故引理 5.3 表明，当 $f\in L_v$ 时，有 $f\in L_p$ 与 $f\in L_n$.

第二，(1) 右边的差是否唯一？详细地说，我们已有了表示，

$$\mu(x)=p(x)-\{n(x)-\mu(\alpha)\}$$

即 $\mu(x)$ 表为两个增函数的差，如果 $\mu(x)$ 又有另外的表示，

$$\mu(x)=p_1(x)-n_1(x)+\mu(a)$$

其中 $p_1(x),n_1(x)$ 为任意增函数且，$p_1(a)=n_1(a)=0$, 那么是否有

$$\int_E fdp-\int_E fdn=\int_E fdp_1-\int_E fdn_1 \tag{2}$$

答案也是肯定的．因为，据第五章定理 2.5, 存在增函数 $r(x)$, 使

$$p_1(x) = p(x) + r(x), n_1(x) = n(x) + r(x)$$

从而据引理 5.3 ，又有 $f \in L_r$ ；再据引理 5.4 ，有

$$\int_E f dp_1 = \int_E f dp + \int_E f dr, \int_E f dn_1 = \int_E f dn + \int_E f dr$$

由此立即得到 (2). 故 (1) 的右边惟一确定了积分 $\int_E f d\mu$.

这样， f 关于囿变函数， μ 的 LS 积分，我们借助于 f 关于增函数的 LS 积分来定义。因而关于这种积分的一系列性质的建立都可以借助前面关于增函数的积分的性质得出来．还可以证明有界 Borel 可测函数关于任何 LS 测度是可积的.

鉴于 RS 积分在应用上的重要性，并为了将它与 LS 积分作若干比较，我们在下面对它的定义与性质作一些介绍.

定义 5.2 设 $\mu(x)$ 为区间 $[a,b]$ 上的增函数， $f(x)$ 为 $[a,b]$ 上的有界实函数，对 $[a,b]$ 的任一分点组

$$a = x_0 < x_1 < \cdots < x_n = b,$$

在每个小区间 $[x_i, x_{i+1}]$ 中任取点 $\xi_i, i = 0, 1, \cdots, n-1$, 作和

$$\sigma = \sum_{t=0}^{n-1} f(\xi_i)[\mu(x_{i+1}) - \mu(x_i)]$$

如果当 $\lambda = \max_i (x_{i+1} - x_i) \to 0, \sigma$ 有有限极限 I, 则称 f 关于 μ 为 RS 可积的，且它的积分值记为

$$I = \int_a^b f(x) d\mu(x)$$

或简记为

$$\int_a^b f d\mu$$

同第四章一样，引进积分大和与小和如下：

$$S=\sum_{i=0}^{n-1} M_i(\mu(x_{i+1})-\mu(x_i)),$$

$$s=\sum_{i=0}^{n-1} m_i(\mu(x_{i+1})-\mu(x_i)),$$

其中 M_i, m_i 分别为 $f(x)$ 在区间 $[x_i, x_{i+1}]$ 上的上、下确界，那么，可以证明函数 $f(x)$ 关于 $\mu(x)$ 为 RS 可积的充要条件是，当 $\lambda \to 0$ 时，对同一分点组作出的大和 S 与小和 s 都趋于同一极限 I.

定理 5.1 设 μ 为 $[a,b]$ 上增函数，若 f 在 $[a,b]$ 上连续，则 f 关于 μ 的 RS 积分存在.

证: 任取 $\varepsilon>0$, 由于 f 在 $[a,b]$ 上一致连续, 存在 $\delta>0$, 使当 $x,y\in[a,b]$, $|x-y|<\delta$ 时，有

$$|f(x)-f(y)|<\varepsilon(\mu(b)-\mu(a)+1)^{-1}$$

假定分点组

$$a=x_0<x_1<\cdots<x_n=b$$

所对应的 $\lambda=\max\limits_i(x_{i+1}-x_i)<\delta$ ，而 $\xi_i,\eta_i\in[x_i,x_{i+1}]$ 分别满足 $f(\xi_i)=M_i, f(\eta_i)=m_i, i=0,1,\cdots,n-1$ 。那么对此分点组有

$$\begin{aligned} S-s &= \sum_{i=0}^{n-1}[f(\xi_i)-f(\eta_i)][\mu(x_{i+1})-\mu(x_i)] \\ &\le \varepsilon(\mu(b)-\mu(a)+1)^{-1}\sum_{i=0}^{n-1}[\mu(x_{i+1})-\mu(x_i)]\le\varepsilon \end{aligned}$$

因此， f 关于 μ 的 RS 可积性得证.

下列例子表明，对于不连续函数， RS 积分可能不存在.

例: 设 $f(x)$ 与 $\mu(x)$ 在 $[-1,1]$ 上的定义分别是

$$f(x)=\begin{cases}0,\ x\in[-1,\ 0]\\1,\ x\in(0,\ 1]\end{cases}$$

$$\mu(x)=\begin{cases}0,\ x\in[-1,0)\\x+1,\ x\in[0,1]\end{cases}$$

我们来考察 f 关于 μ 的 RS 积分, 取分点组 $\{x_i\}, i=0,1,\cdots,n$, 假定 $0\overline{\in}\{x_i\}$, 于是在含 0 的小区间中分别取 $f(\xi_r)=0$ 与 $f(\xi_r)=1$ 时, 则相应的积分和分别是

$$\begin{aligned}\sigma_1 &= 0+\sum_{i=r+1}^{n}1\cdot[\mu(x_i)-\mu(x_{i-1})]\to\mu(1)-\mu(0^+)=1\\ \sigma_2 &= 0+\sum_{i=r}^{n}1\cdot[\mu(x_i)-\mu(x_{i-1})]\to\mu(1)-\mu(0^-)=2\end{aligned}$$

因此 f 关 μ 的 RS 积分不存在 (见图 6).

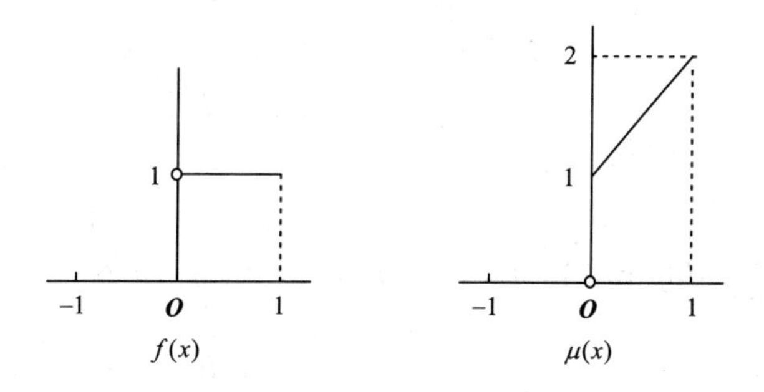

图 6

可是, 容易求出 f 关于 μ 的 RS 积分为 1 。实际上, f 是 μ 简单函数, 据定义有

$$\int_{[-1,1]}fd\mu=0\cdot\mu([-1,0])+1\cdot\mu([0,1])=\mu(1)-\mu(0)=1$$

定理 5.2 设 μ 是 $[a,b]$ 上的增函数, 我们有:

(i) 设 f_1, f_2 关于 μ 在 $[a,b]$ 上均为 RS 可积，c_1, c_2 为常数，则 $c_1f_1 + c_2f_2$ 关于 μ 也为 RS 可积，且有

$$\int_a^b (c_1f_1 + c_2f_2)d\mu = c_1\int_a^b f_1d\mu + c_2\int_a^b f_2d\mu \tag{1}$$

(ii) 设 f 关于 μ 在 $[a,b]$ 上为 RS 可积，且 $a < c < b$, 则 f 关于 μ 在 $[a,c]$ 上与 $[c,b]$ 上均为 RS 可积，且

$$\int_a^b fd\mu = \int_a^c fd\mu + \int_c^b fd\mu \tag{2}$$

(iii) 设 f 关于 μ 在 $[a,b]$ 上为 RS 可积，且 $f \geq 0$, 则

$$\int_a^b fd\mu \geq 0$$

证: 性质 (i) 与 (iii) 可据定义立即得出. 下面证明性质 (ii). 设任给 $\varepsilon > 0$, 取 $[a,b]$ 中分点组

$$a = x_0 < x_1 < \cdots < x_n = b$$

满足

$$\sum_{i=0}^{n-1} M_i[\mu(x_{i+1}) - \mu(x_i)] - \sum_{i=0}^{n-1} m_i[\mu(x_{i+1}) - \mu(x_i)] < \varepsilon \tag{3}$$

假定 $c \in [x_r, x_{r+1}]$. 那么，令 m_r', m_r'' 分别表示 f 在 $[x_r, c]$, $[c, x_{r+1}]$ 上的下确界，而 M_r', M_r'' 表示相应的上确界，则有

$$\begin{aligned}
m_r[\mu(x_{r+1}) - \mu(x_r)] &= m_r[\mu(c) - \mu(x_r)] + m_r[\mu(x_{r+1}) - \mu(c)] \\
&\leq m_r'[\mu(c) - \mu(x_r)] + m_r''[\mu(x_{r+1}) - \mu(c)] \\
&\leq M'r[\mu(c) - \mu(x_r)] + M_r''[\mu(x_{r+1}) - \mu(c)] \\
&\leq M_r[\mu(x_{r+1}) - \mu(x_r)]
\end{aligned}$$

因此不妨假定 c 已属于分点组 $\{x_i\}_{i=0}^{n-1}$ 中，例如说， $c=x_r$, 同时 (3) 成立，于是，由于 (3) 可以写成

$$\left\{\sum_{i=0}^{n-1} M_i[\mu(x_{r+1})-\mu(x_i)]-\sum_{i=0}^{n-1} m_i[\mu(x_{i+1})-\mu(x_i)]\right\}$$
$$+\left\{\sum_{i=r}^{n-1} M_i[\mu(x_{i+1})-\mu(x_i)]-\sum_{i=r}^{n-1} m_i[\mu(x_{i+1})-\mu(x_i)]\right\}$$
$$<\varepsilon$$

并且每个花括号中的项都是非负的，就知道它们都小于 ε. 这表明 f 关于 μ 在 $[a,c]$ 以及在 $[c,b]$ 上的 RS 积分都存在，并且容易看出 (2) 成立.

同 **R** 积分与 L 积分的关系类似，我们有

定理 5.3 设 μ 是 $[a,b]$ 上的增函数，f 是 $[a,b]$ 上的有界函数. 则 f 在 (a,b) 上关于 μ 为 RS 可积时，必 LS 可积，且积分值相等.

证：取区间 $[a,b]$ 的一个分割序列

$$D_i: a=x_0^{(i)}<x_1^{(i)}<\cdots<x_{n_i}^{(i)}=b$$

使 D_{i+1} 的分点包含 D_i 的分点，并使

$$\lambda_i=\max_k(x_{k+1}^{(i)}-x_k^{(i)})\to 0 \quad (i\to\infty),$$

考察简单函数列

$$\underline{f}_i(x)=\begin{cases} m_k^{(i)}, x_k^{(i)}\le x<x_{k+1}^{(i)} & (k=0,1,\cdots,n_i-1)\\ f(b), x=b, \end{cases}$$

其中 $m_k^{(i)}$ 表示 $f(x)$ 在小区间 $[x_k^{(i)},x_{k+1}^{(i)}]$ 上的下确界，显然 f_i 的 LS 积分为

$$\int_{[a,b]}\underline{f}_i(x)d\mu=\sum_{k=0}^{n_i-1} m_k^{(i)}\mu(x_k^{(i)},x_{k+1}^{(i)})+f(b)[\mu(b)-\mu(b-0)]$$

不难明了，上式右边当 $\lambda_i \to 0$ 时趋于 f 关于 μ 的 RS 积分. 由于 $\{\underline{f}_i\}$ 为有界递增序列，故据关于 LS 积分的 Levi 定理，即得

$$\lim_{i\to\infty}\int_{[a,b]}\underline{f}_i(x)d\mu=\int_{[a,b]}\lim_{i\to\infty}\underline{f}_i(x)d\mu=\int_a^b f(x)d\mu$$

并且还有 $\lim\limits_{i\to\infty}\underline{f_i}(x)\le f(x)$. 同理，考虑函数序列 $\overline{f}_i(x)$ 时 (对应于取上确界情形)，可得

$$\int_{[a,b]}\lim_{i\to\infty}\overline{f}_i(x)d\mu=\int_a^b f(x)d\mu$$

并且还有 $f(x)\le\lim\limits_{i\to\infty}\overline{f}_i(x)$ 。这样，得到

$$\int_{[a,b]}\left\{\lim_{i\to\infty}\overline{f}_i(x)-\lim_{i\to\infty}\underline{f}_i(x)\right\}d\mu=0$$

因此有

$$\int_{[a,b]}f(x)d\mu=\int_{[a,b]}\lim_{i\to\infty}\underline{f_i}(x)d\mu=\int_a^b f(x)d\mu,$$

这便直接证明了 f 关于 μ 的 LS 积分存在且等于 f 关于 μ 的 RS 积分.

以上我们讨论了 f 关于单调增函数的 RS 积分，一般地，当 μ 是 $[a,b]$ 上的囿变函数时，我们可以定义 f 关于 μ 的 RS 积分，方法与 LS 积分情形相同 (参看定义 5.1). 就是说，利用 μ 的标准分解： $\mu(x)=p(x)-n(x)+\mu(a)$ 。这里 $p(x),n(x)$ 分别是 $\mu(x)$ 的正变分与负变分，那么定义 f 关于 μ 在 $[a,b]$ 上的 RS 积分为

$$\int_a^b f(x)d\mu=\int_a^b f(x)dp-\int_a^b f(x)dn$$

并且积分值是惟一确定的，它不依赖于 $\mu(x)$ 表示为单调函数差的这种分解方式. 于是，据此定义，这种一般 RS 积分的一系列性质可以由相应于 μ 为增函数情形的 RS 积分的性质得出来.

习题七

1. 下列各题中给出了在 σ 环 $\mathscr{R}_\sigma$ 上的集函数 λ 的例子，问哪些是外测度，哪些不是？

(1) X 是任意非空子集， $\mathscr{R}_\sigma$ 是 X 的一切子集的类，对于任意 $E \in \mathscr{R}_\sigma$ ，令 $\lambda E = \chi_E(x_o)$, 这里 x_o 是 X 中一固定点， $\chi_E(x)$ 是集 E 的特征函数.

(2) X 是正整数集， $\mathscr{R}_\sigma$ 是 X 的一切子集的类，对于 X 的任一有限子集 E ，用 $\mathbf{N}(E)$ 表示 E 中点的个数，令

$\lambda E = \overline{\lim} N(E \cap \{1, 2, \cdots, n\})/n, E \in \mathscr{R}_\sigma$ 。

(3) 设 μ^* 是 $\mathscr{R}_\sigma$ 上的外测度, E_0 是 $\mathscr{R}_\sigma$ 的一个确定元, 令 $\lambda E = \mu^*(E \cap E_0)$($\lambda$ 称为 μ^* 关于 E_0 的吸收)， $E \in \mathscr{R}_\sigma$ 。

(4) 设 μ_1^*, μ_2^* 是 $\mathscr{R}_\sigma$ 上两个外测度，令 $\lambda E = a\mu_1^* E + b\mu_2^* E, E \in \mathscr{R}_\sigma$ ，这里 a, b 是实数.

2. 设 R 是基本集 X 上的 σ 代数，并且 μ 是 R 上的复函数，如果对 E 在 R 中的任一互斥分解 $E = \bigcup\limits_{k=1}^{\infty} E_k$ ，都有 $\mu E = \sum\limits_{k=1}^{\infty} \mu E_k$, 则称 μ 是 X 上的复测度.

(1) 若 μ 是 X 上的复测度, 则由 $|\mu|(E) = \sup \sum\limits_{k=1}^{\infty} |\mu E_k|$($E \in \mathscr{R}$， $E = \bigcup\limits_k E_k$ 为 $\mathscr{R}$ 中的互斥分解) 定义的 $|\mu|$ 是 $\mathscr{R}$ 上的测度.

(2) 若 μ 是 X 上的复测度，则 $|\mu|(X) < \infty$.

(3) 问所述复测度与广义测度有何关系。

3. 设 μ 是 σ 代数 $\mathscr{R}$ 上的复测度， $E \in \mathscr{R}$ ，并令 $\alpha = \sup |\mu A|$, 这里 A 是 $\mathscr{R}$ 中含于 E 的任意元，试证 $\alpha \leq |\mu|(E) \leq 4\alpha$.

4. 设 $f(x), g(x)$ 分别是定义在集 X, Y 上的 μ, ν 可积函数，则

$$h(x,y) = f(x)g(y)$$

是乘积空间 $X \times Y$ 上的可积函数，且有

$$\int_{X\times Y} hd(\mu\times\nu) = \int_X fd\mu \int_Y gd\nu.$$

5. 设 $(X, \mathscr{R}, \mu) = (Y, \mathscr{S}, \nu)$ 为对应于勒贝格测度的单位区间这样的测度空间，E 是 $X \times Y$ 中适合下述条件的集；对每个 x 与每个 y, E_x 与 $X - E^y$ 都是可列集，那么 E 是不可测的 (提示：应用 Fubini 定理).

6. 设在可测空间 $(x, \mathscr{R})$ 上给定两个测度 μ_1 ， μ_2, 令 $\mu = a_1\mu_1 + a_2\mu_2$ ，这里 a_1, a_2 是实数，试证存在 X 的分解 $X = A \cup B, A \cap B = \emptyset$, 使 A 为 μ 的正集，B 为 μ 的负集 (μ 的正集 A 定义为：对每个可测集 E ， $E \cap A$ 可测且 $\mu(E \cap A) \geq 0$ ，负集的定义类似).

7. 设 X 是集，E 是 X 的某些子集所成的集类，在下面的一些情况下，分别求出 $\mathbf{R}(E)$.

(1) $\mathbf{E} = \{E_1, E_2, E_3, \cdots, E_n\}$;

(2) X 的实数直线 $\mathbf{R}^1$ ， $\mathbf{E}$ 为 $\mathbf{R}^1$ 中开区间的全体;

(3) X 是实数直线， $\mathbf{E}$ 是形如 $(-\infty, \alpha)$ 的开区间的全体.

8. 设 X 是一集，$\mathbf{R}$ 是 X 的某些子集所成的环，A 是 X 的一个子集，证明 $\mathbf{S}(\mathbf{R}) \cap A = \mathbf{S}(\mathbf{R} \cap A)$.

9. 设 X 是一集，$\mathbf{R}$ 是 X 的某些子集所成的代数，$\mathbf{M}$ 也是由 X 的某些子集所成的代数，它有如下的性质.

(1) $\mathbf{M} \supset \mathbf{R}$,

(2) 当 $E_1, E_2, \cdots, E_n, \cdots$ 是 $\mathbf{M}$ 中一列互不相交的集时，$\bigcup\limits_{n=1}^{\infty} E_n \in \mathbf{M}$，证明： $\mathbf{M} \supset \mathbf{S}(\mathbf{R})$.

10. 设 $\mathbf{R}$ 是实数直线 $\mathbf{R}^1$ 中的一个环, 对每个 $E \in \mathbf{R}$, 作 $\mathbf{R}^2 = \{(x, y) \,|\, x, y \in \mathbf{R}\}$ 中形如 $\widetilde{E} = \{(x, y) | x \in E\}$ 的集，当 E 在 $\mathbf{R}$ 中变化时，这种 $\widetilde{E}$ 全体记为 $\widetilde{R}$, 求出 $\mathbf{S}(\widetilde{\mathbf{R}})$ 与 $\mathbf{S}(\mathbf{R})$ 的关系.

11. 设 $\mathbf{R}$ 是集 X 的某些子集构成的集类，证明 $\mathbf{R}$ 是环的充要条件是:

(1) $\mathbf{R}$ 中任意有限个互不相交的集的和属于 $\mathbf{R}$;

(2) $\mathbf{R}$ 中任意两个集的差属于 $\mathbf{R}$;

12. 设 $g(x)$ 是直线上的一个单调增函数, 而且 $g(x) = g(x+0)$, 当 $(\alpha, \beta] \in \mathbf{P}$ 时，定义

$$g((\alpha, \beta]) = g(\beta) - g(\alpha)$$

证明这个集函数 g 可以惟一地延拓成 $\mathbf{R}_o$ 上的测度.

13. 设 $\mathbf{P}'$ 为直线上的开区间的全体，作 $\mathbf{P}'$ 上集函数 m' 如下： $m'(\alpha, \beta] = \beta - \alpha$ ，证明 m' 必可惟一地延拓成 $\mathbf{R}(\mathbf{P}')$ 上的测度.

14. 设 $\mathbf{P}$ 是平面上左下开右上闭的矩形 $(a, b] \times (c, d] = \{(x, y) \,|\, a < x \leq b, c < y \leq d\}$ 全体，作 $\mathbf{P}$ 上的集函数 m 如下：

$$m((a, b] \times (c, d]) = (b - a)(d - c)$$

证明 m 必可惟一地延拓成 $\mathbf{R}(\mathbf{P})$ 上的测度.

15. 设 X 是一集， $\mathbf{R}$ 是 X 的某些子集所成的环， μ 是 $\mathbf{S}(\mathbf{R})$ 上的测度，设 μ 限制在 $\mathbf{R}$ 上时是 σ- 有限的，问这时 μ 在 $\mathbf{S}(\mathbf{R})$ 上是不是 σ- 有限的？设 μ 在 $\mathbf{S}(\mathbf{R})$ 上是 σ- 有限的，问当把 μ 限制在 $\mathbf{R}$ 上时是不是 σ- 有限的，并说明其

理由.

16. 设 $\mathbf{R}$ 是 X 的某些子集所成的 σ- 环, μ 是 $\mathbf{R}$ 上的测度, 证明 $\mathbf{H}(\mathbf{R})$ 上的集函数.

$$\mu^*(E)=\inf\{\mu(F)\,|E\subset F\in\mathbf{R}\}\quad E\in\mathbf{H}(\mathbf{R})$$

是外测度.

17. 设 $\mathbf{R}$ 是 X 的某些子集所成的 σ- 环, μ 是 $\mathbf{R}$ 上的测度, 作 $\mathbf{H}(\mathbf{R})$ 上的集函数 μ_* 如下：当 $E\in\mathbf{H}(\mathbf{R})$ 时

$$\mu_*(E)=\sup\{\mu(F)|E\supset F(\mathbf{R})\}$$

称 μ_* 为内测度。试讨论内测度的各种性质.

18. 设 X 是一集, $\mathbf{R}$ 是 X 的某些子集所成的 σ- 代数, μ 是 $\mathbf{R}$ 上的有限测度, μ_* 是 $\mathbf{H}(\mathbf{R})$ 上的内测度：当 $E\in\mathbf{H}(\mathbf{R})$ 时

$$\mu_*(E)=\sup\{\mu(F)|E\supset F(\mathbf{R})\}$$

证明： $E\in\mathbf{R}^*$ 的充要条件是 $\mu^*(E)=\mu_*(E)$.

19. 设 X 是一集, $\mathbf{R}$ 是 X 的某些子集所成的 σ- 环, μ 是 $\mathbf{R}$ 上的 σ- 有限测度, 设法把测度空间 $(X,\mathbf{R},\mu)$ 直接扩张为完全测度空间 $(X,\mathbf{R}^*,\mu_1)$.